Facundo Alejandro Sibona Bulfon
Guillermo Ricardo Catuogno
Juan Pablo Demichelis

Conceção e implementação de um PLC baseado em tecnologia aberta

Facundo Alejandro Sibona Bulfon
Guillermo Ricardo Catuogno
Juan Pablo Demichelis

Conceção e implementação de um PLC baseado em tecnologia aberta

Controlo e monitorização com Arduino, Node-RED e MQTT: soluções económicas e escaláveis

ScienciaScripts

Imprint
Any brand names and product names mentioned in this book are subject to trademark, brand or patent protection and are trademarks or registered trademarks of their respective holders. The use of brand names, product names, common names, trade names, product descriptions etc. even without a particular marking in this work is in no way to be construed to mean that such names may be regarded as unrestricted in respect of trademark and brand protection legislation and could thus be used by anyone.

Cover image: www.ingimage.com

This book is a translation from the original published under ISBN 978-613-9-43516-6.

Publisher:
Sciencia Scripts
is a trademark of
Dodo Books Indian Ocean Ltd. and OmniScriptum S.R.L publishing group

120 High Road, East Finchley, London, N2 9ED, United Kingdom
Str. Armeneasca 28/1, office 1, Chisinau MD-2012, Republic of Moldova, Europe
Printed at: see last page
ISBN: 978-620-8-29315-4

DEDICAÇÃO

Este projeto final é dedicado a:

À minha mãe Andrea, que me ensinou a confiar em mim própria, a perseverar perante novos objectivos e, acima de tudo, a estar grata e a apreciar os processos da vida.

Ao meu pai Alejandro, com quem tenho o prazer de partilhar projectos de engenharia, cujo profissionalismo, responsabilidade e bondade representam a minha fonte de inspiração.

Aos meus irmãos Franco e Maia, por partilharem tantos momentos juntos e pela sua incessante curiosidade sobre o mundo que nos rodeia, que gera um círculo de aprendizagem fantástico.

Aos meus avós Jacinta, Jorge e Ana, cuja admiração pela engenharia me motiva a continuar a aprender todos os dias.

AGRADECIMENTOS

Gostaria de expressar a minha profunda gratidão a todo o pessoal da Universidad Nacional de San Luis por ter tornado possível este projeto e por ter proporcionado um ambiente de aprendizagem estimulante durante todo o meu tempo lá. Uma menção especial vai para os meus professores e diretores de tese Juan Pablo e Guillermo, que com a sua dedicação ao seu trabalho e o seu ímpeto para transmitir e ensinar, significaram um impulso extraordinário durante a carreira e a execução deste trabalho. Gostaria também de agradecer a todos os professores que fizeram parte do meu percurso nesta instituição.

O meu agradecimento aos meus colegas de trabalho, com quem enfrentei desafios e adquiri a experiência e a sabedoria que hoje definem a minha carreira profissional e que, com o seu apoio, me ensinaram o valor do companheirismo.

Aos meus amigos da faculdade e da vida, que estiveram ao meu lado nos momentos críticos e partilharam comigo alegrias e conquistas.

Por último, mas não menos importante, a toda a minha família e a todas as outras pessoas que influenciaram o meu processo de aprendizagem, que com as suas palavras de encorajamento, conselhos sinceros e alegria genuína me iluminaram e me impulsionaram a perseguir os meus sonhos.

RESUMO

Este projeto trata da conceção e implementação de um Controlador Lógico Programável (PLC) baseado em tecnologia aberta para o controlo e automatização de um sistema de tratamento de águas. O projeto começa com o ambiente de desenvolvimento Arduino, que é uma ferramenta para projectos tecnológicos de todo o tipo, amplamente utilizada em todo o mundo. A partir daí, o projeto é orientado para a conversão desta solução tecnológica numa solução mais robusta que se adapte a ambientes industriais de forma eficaz. O artigo foi dividido em quatro secções. No capítulo 1, detalha-se a proposta, o seu âmbito e os seus objectivos, determinados com base nos requisitos de automatização da estação de tratamento de águas. Também descreve os conhecimentos necessários para entrar no mundo dos controladores lógicos programáveis e apresenta as ferramentas de tecnologia aberta disponíveis como solução. O capítulo 2 descreve o desenvolvimento de cada fase do projeto, desde a seleção do microcontrolador e dos componentes electrónicos, até à conceção da placa de circuito impresso e à modelação 3D das caixas. Por fim, a lógica de controlo e o código de programação utilizados são discutidos em pormenor. A análise de custos no Capítulo 3 abrange uma avaliação exaustiva dos custos associados à implementação do dispositivo no projeto. São incluídos os custos relacionados com a aquisição de componentes electrónicos, o fabrico das caixas 3D e a programação do sistema, de modo a obter uma imagem precisa do investimento económico envolvido. Finalmente, o capítulo 4 apresenta as conclusões, sintetizando as conclusões e os resultados obtidos durante o desenvolvimento deste projeto mecatrónico. Avalia-se o cumprimento dos objectivos estabelecidos e analisam-se as limitações encontradas, bem como possíveis áreas de melhoria para desenvolvimentos futuros.

Palavras-chave - Arduino, automação, controlador lógico programável, eletrónica, modelação 3D, programação, tecnologia aberta, protocolo de comunicação.

ÍNDICE DE CONTEÚDOS

CAPÍTULO 1: Proposta ... 8

1.1 Introdução ... 8

1.2 Objectivos ... 9

1.2.1 Objectivos gerais ... 9

1.2.2 Objectivos específicos ... 9

1.3 Âmbito de aplicação e limitações ... 10

1.4 Quadro teórico ... 11

1.4.1 Controladores lógicos programáveis (PLC) ... 11

1.4.1.1 Definição de autómatos ... 11

1.4.1.2 Estrutura básica do autómato ... 13

1.4.1.3 Entradas/Saídas ... 13

1.4.1.4 Programas de entrada ... 15

1.4.1.5 Componentes de hardware do PLC ... 15

1.4.1.6 Tipos de sinais utilizados pelos autómatos ... 17

1.4.1.7 Princípio de funcionamento ... 18

1.4.2 Comunicações industriais ... 19

1.4.2.1 Níveis de comunicação numa rede industrial ... 20

1.4.2.2 Modos de transmissão de dados ... 21

1.4.3 Protocolos de comunicação ... 22

1.4.4 Protocolos de comunicação em automação industrial ... 22

1.4.4.1 Protocolos de série ... 22

1.4.4.2 Protocolos de bus de campo ... 23

1.4.4.3 Ethernet industrial ... 27

1.4.4.4 Protocolos em sistemas sem fios ... 28

1.4.4.5 Protocolos de comunicação para o Arduino ... 31

1.4.5 Fonte aberta e hardware aberto ... 36

1.4.5.1 Vantagens do código aberto ... 39

1.4.5.2 Vantagens do hardware aberto ... 39

1.4.6 Arduino ... 40

1.4.6.1 Módulos para Arduino ... 41

1.4.6.2 Sensores ... 47

1.4.7 Contexto de aplicação: Estação de tratamento de águas ... 52

1.4.7.1 Descrição da estação de tratamento de águas ... 52

1.4.7.2 Requisitos de automatização ... 54

1.4.7.3 Implementação do sistema ... 55

1.4.8 Justificação ... 58

1.4.9 Estado da arte ... 59

1.4.9.1 Autómatos industriais ... 59

1.4.9.2 PLCs industriais baseados em hardware de código aberto 61

1.4.9.3 Projectos de PLC autónomos de fonte aberta ... 66

1.4.9.4 Software de código aberto ... 68

CAPÍTULO 2: Análise e desenvolvimento ... 73

2.1 Arquitetura do sistema ... 73

2.1.1 Definição das necessidades ... 73

2.1.2 Estrutura geral do autómato ... 73

2.2 Seleção de componentes ... 74

2.2.1 Microcontrolador ... 74

2.2.1.1 Especificações técnicas do Arduino Nano ... 75

2.2.2 Regulador de tensão LM2596 ... 76

2.2.3 Módulo de saída de relé ... 76

2.2.3.1 Especificações técnicas do módulo de saída de relé de 8 canais 77

2.2.4 Entradas digitais opto-acopladas ... 77

2.2.5 Ecrã LCD 2004 ... 77

2.2.5.1 Especificações técnicas do LCD 2004 ... 78

2.2.6 Módulo de relógio DS3231 78
2.2.6.1 Especificações técnicas do módulo DS3231 79
2.3 Conceção dos circuitos 80
2.3.1 Esquema do Arduino Nano 81
2.3.2 Diagrama esquemático das entradas opto-acopladas 82
2.3.3 Diagrama esquemático do módulo regulador de tensão 83
2.3.4 Diagrama esquemático das saídas de relé 84
2.3.5 Porta I2C 84
2.3.6 Disposição da placa de circuito impresso 85
2.3.6.1 Parâmetros de encaminhamento 88
2.4 Fabrico de placas electrónicas 89
2.4.1 Fabrico de placas de circuito impresso 89
2.4.1.1 Materiais 89
2.4.1.2 Primeira etapa: Gravação por termotransferência 89
2.4.1.3 Segunda etapa: Imersão em ácido 91
2.4.1.4 Terceira etapa: Impressão serigráfica 92
2.4.2 Montagem de componentes electrónicos 93
2.5 Modelação 3D de habitações 94
2.5.1 Lógica de programação 99
2.5.1.1 Análise da máquina de estados 99
2.5.2 Código de programação 101
2.6 Desenvolvimento de um módulo de comunicação industrial 105
2.6.1 Arquitetura do sistema 105
2.6.1.1 Módulo de comunicação 106
2.6.1.2 Corretor MQTT 107
2.6.1.3 Nó-RED 108
2.6.1.4 Painel de controlo 109
2.6.2 Protótipo de módulo de comunicação 110
CAPÍTULO 3: Análise de custos 113

3.1 Custos PLC 113
3.1.1 Custos diretos 113
3.1.1.1 Componentes de hardware 113
3.1.1.2 Custos de fabrico 114
3.1.1.3 Custos de software 114
3.1.2 Custos indirectos 115
3.2 Custos do módulo de comunicação 115
3.2.1 Componentes de hardware 115
3.2.2 Custos de software 116
CAPÍTULO 4: Conclusões 117
4.1 Resumo dos resultados 117
4.2 Avaliação do cumprimento dos objectivos 117
4.2.1 Objetivo geral 117
4.2.2 Objectivos específicos 118
4.3 Impacto e relevância do projeto 120
4.3.1 Inovação 120
4.3.2 Redução de custos 120
4.3.3 Flexibilidade e personalização 120
4.3.4 Aplicações industriais e domésticas 120
4.3.5 Interconectividade e escalabilidade 121
4.4 Limitações e domínios a melhorar 121
4.5 Reflexão pessoal 122
4.6 Conclusão final 123

CAPITULO 1: PROPOSTA

1.1 Introdução

A automação industrial tornou-se um pilar fundamental para a eficiência e otimização dos processos produtivos e para facilitar as tarefas em diversas áreas, desde as linhas de produção na indústria transformadora até aos sistemas de controlo em edifícios inteligentes. Neste contexto, os Controladores Lógicos Programáveis (PLC) têm sido peças fundamentais, sendo responsáveis por interpretar o ambiente e atuar em conformidade de forma automática e precisa.

Apesar do seu notável sucesso e distribuição, os autómatos tradicionais têm certas limitações em determinadas aplicações. São caros e requerem conhecimentos especializados para a programação, o que os torna inacessíveis para pequenas empresas ou projectos independentes. É aqui que entra a tecnologia Arduino, que, com a sua abordagem de código aberto e comunidade ativa, oferece uma alternativa mais acessível e adaptável para a automação. A combinação da robustez dos PLCs com a flexibilidade do Arduino abre novas oportunidades para a criação de sistemas de controlo personalizados e escaláveis.

A tendência para a utilização de software e hardware abertos está a ganhar popularidade, uma vez que oferece inúmeras vantagens em termos de flexibilidade, personalização e redução de custos. Por outro lado, os protocolos industriais asseguram uma comunicação eficiente e fiável entre os dispositivos de campo e os sistemas de controlo, permitindo a recolha de dados em tempo real e o controlo preciso dos processos industriais. Esta combinação cria uma infraestrutura robusta e eficiente para automação e monitorização.

Esta convergência entre tecnologias abertas e protocolos de comunicação industrial está a impulsionar a transformação digital na indústria, promovendo a inovação e melhorando a eficiência operacional. Neste contexto, o desenvolvimento de soluções abertas baseadas em PLC apresenta-se como uma opção promissora para as empresas que procuram manter-se competitivas num ambiente industrial em constante evolução.

1.2 Objectivos

1.2.1 Objectivos gerais pt

- Desenvolver e implementar um controlador lógico programável (PLC) de baixo custo utilizando tecnologias abertas.
- Utilizar o dispositivo em ambiente industrial para o controlo eficaz de equipamentos de tratamento de água, com um regime de funcionamento permanente.
- Interligar o dispositivo com outros sistemas através da implementação de protocolos industriais, para recolha de informações e para facilitar a ligação em rede da automação.

1.2.2 Objectivos específicos

- Conceber o circuito eletrónico do autómato, capaz de funcionar numa variedade de ambientes industriais.
- Selecionar os componentes e conceber a placa de circuito impresso (PCB) para o fabrico do controlador, tendo em conta os aspectos de custo e eficiência.
- Implementar módulos de entrada digitais e analógicos, bem como módulos de saída de relé e opto-acoplados, para cobrir várias necessidades de controlo.
- Modelação 3D da caixa do PLC, garantindo um design ergonómico e funcional.
- Integrar protocolos de comunicação I2C e UART para permitir uma interface eficiente com outros dispositivos e sistemas.
- Utilizar um microcontrolador da gama de opções oferecida pelo Arduino e similares, optimizando o desempenho a baixo custo e tirando partido da sua grande aceitação na comunidade.
- Implementar um módulo de comunicação industrial para transmitir dados dos sensores e do PLC para um servidor, o que permitirá monitorizar e

controlar o processo remotamente a partir de qualquer dispositivo com ligação à Internet.

1.3 Âmbito de aplicação e limitações

O projeto abrange desde a conceção e desenho inicial do PLC até ao fabrico do protótipo funcional, incluindo o desenvolvimento do circuito eletrónico, a seleção de componentes, o desenho da placa de circuito impresso, a implementação de módulos de entrada e saída, a modelação 3D da caixa e a integração de protocolos de comunicação. O foco é, por um lado, a viabilidade económica e a democratização da automação industrial, tornando a tecnologia desenvolvida acessível e transparente, e, por outro lado, a conetividade com diferentes sistemas para processamento e monitorização remota de dados, a partir de qualquer dispositivo com ligação à Internet.

A robustez da placa de circuitos impressos será um desafio e, embora se procure optimizá-la, não se pode garantir uma resistência absoluta a todos os ambientes industriais. Os testes funcionais limitar-se-ão à análise visual do desempenho do dispositivo no ambiente industrial. O projeto centra-se na utilização de microcontroladores dentro da gama de opções Arduino e similares, limitando as possíveis caraterísticas específicas de outros microcontroladores mais especializados. A integração com sistemas específicos de automação industrial pode exigir adaptações adicionais que não estão contempladas neste projeto.

1.4 Quadro teórico

1.4.1 Controladores lógicos programáveis (PLC)

1.4.1.1 Definição de PLCs

Um Controlador Lógico Programável (PLC) é um dispositivo semelhante a um computador utilizado na automação industrial para automatizar processos electromecânicos, como o controlo de máquinas de fábrica em linhas de montagem ou atracções mecânicas. A NEMA (National Electrical Manufacturers Association) define o PLC como:

"Instrumento eletrónico que utiliza uma memória programável para armazenar instruções para a execução de determinadas funções, tais como operações lógicas, sequências de acções, especificações de tempo, contadores e cálculos para controlo, através de módulos de E/S analógicos ou digitais, de vários tipos de máquinas e processos.

Um dispositivo eletrónico digital especificamente concebido para ser facilmente programado. Este tipo de processador é designado por processador lógico, uma vez que a programação incide principalmente na execução de operações lógicas e de comutação. Os dispositivos de entrada (sensores e interruptores) e os dispositivos de saída (actuadores) que estão sob controlo são ligados ao PLC e, em seguida, o controlador monitoriza as entradas e saídas de acordo com o programa armazenado pelo operador no PLC com o qual controla máquinas ou processos (Figura 1).Figura n.º 1 1). Estes sistemas têm a grande vantagem de permitir que um sistema de controlo seja modificado sem que seja necessário refazer as ligações dos dispositivos de entrada e saída; tudo o que o operador tem de fazer é escrever as instruções correspondentes num teclado. O resultado é um sistema flexível que pode ser utilizado para controlar sistemas muito diversos em termos de natureza e complexidade. Estes sistemas são amplamente utilizados para a implementação de funções lógicas de controlo porque são fáceis de utilizar e programar. [1].

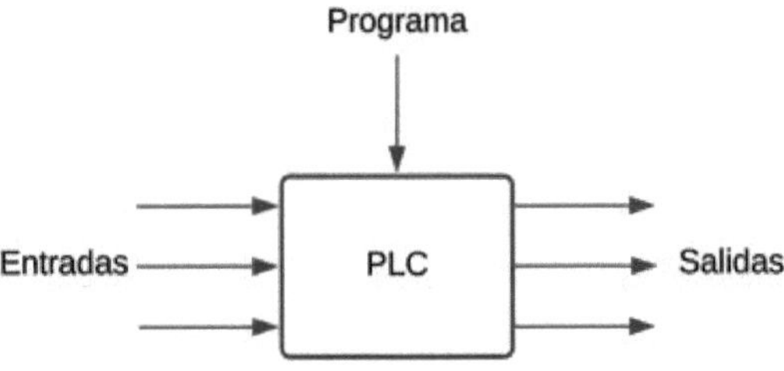

Figura n.º 1 1Diagrama esquemático de um autómato

Os PLC são semelhantes aos computadores, mas têm caraterísticas específicas que lhes permitem ser utilizados como controladores. Estas caraterísticas são:

1. São robustos e concebidos para resistir às vibrações, à temperatura, à humidade e ao ruído.
2. A interface para entradas e saídas está dentro do controlador.
3. É muito fácil programá-los.

Figura n.º 2 2Logótipo PLC da Siemens

Na Figura n.º 2 2 mostra-se o formato típico de um autómato, que corresponde ao modelo LOGO da Siemens. Embora se trate de um modelo com funções básicas, possui as caraterísticas essenciais que um autómato deve ter. Na parte superior estão as entradas para a alimentação eléctrica e as entradas de sinal, enquanto que na parte inferior estão as ligações para as saídas. Na parte frontal encontra-se a porta Ethernet para ligação ao programador, através da qual se carrega o programa pretendido e, em alguns, encontram-se ecrãs e botões para interagir com o mesmo.

1.4.1.2 Estrutura básica do PLC

A Figura n.º 3 3 mostra a estrutura interna básica de um autómato que, na sua essência, consiste numa unidade central de processamento (CPU), memória e circuitos de entrada/saída. A CPU controla e processa todas as operações no interior do autómato. Dispõe de um temporizador cuja frequência típica se situa entre 1 e 8 MHz. Esta frequência determina a velocidade de funcionamento do autómato e é a fonte de temporização e sincronização de todos os elementos do sistema. Um sistema de barramento transporta informações e dados de e para a CPU, memória e unidades de entrada/saída. Os elementos de memória são: uma ROM para armazenamento permanente das informações do sistema operativo e dos dados corrigidos; uma RAM para o programa do utilizador e uma memória temporária para os canais de entrada/saída.

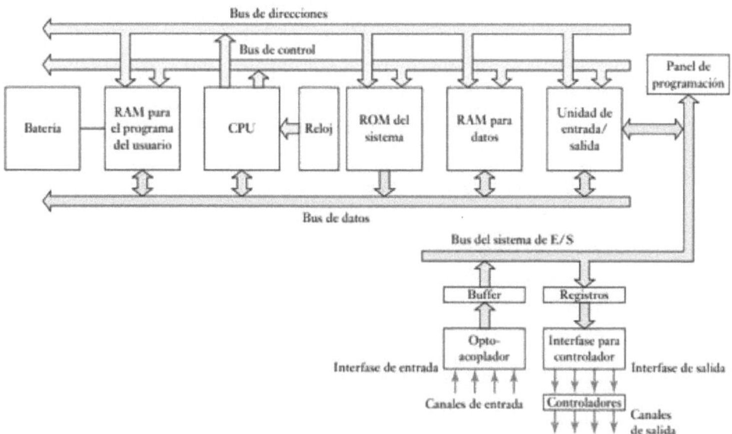

Figura n.º 3 3Arquitetura do PLC

1.4.1.3 Entradas/Saídas

A unidade de entrada/saída é a interface entre o sistema e o mundo exterior e onde o processador recebe informações de dispositivos externos e comunica informações a dispositivos externos. As interfaces de entrada/saída fornecem funções de isolamento e de condicionamento do sinal, de modo que estes sensores e actuadores podem frequentemente ser ligados diretamente a elas sem necessidade de outros circuitos. As entradas podem variar entre interruptores que são acionados por um evento ou outros sensores, como sensores de temperatura ou de fluxo. As saídas podem ser utilizadas para ativar bobinas de arranque de motores, válvulas solenóides, etc. O isolamento elétrico do mundo exterior é normalmente feito por meio de optoisoladores. A Figura n.º 4 4 mostra a forma básica de um canal de entrada. O sinal digital que é geralmente compatível com o microprocessador do autómato é de 5 VDC. No entanto, o condicionamento do sinal no canal de entrada, com isolamento, aumenta a gama de sinais de entrada. Assim, é possível encontrar autómatos com tensões de entrada de 5 V, 24 V, 110 V e 240 V.

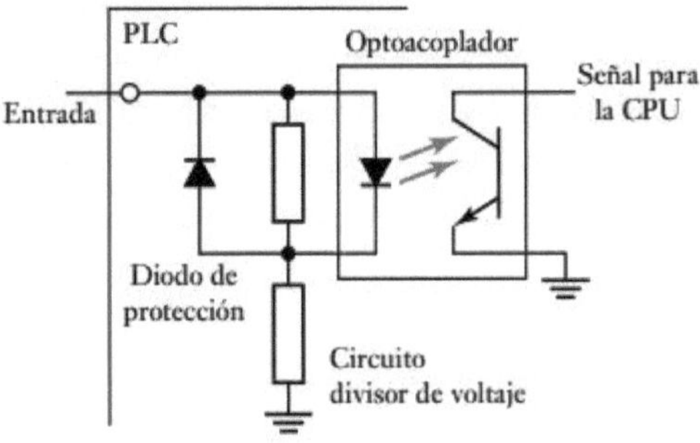

Figura n.º 4 4Canal de entrada

As saídas podem ser do seguinte tipo:

- Relé ou relé
- Transístor
- Triac

Com o tipo de relé, o sinal de saída do PLC é usado internamente para operar um relé para comutar correntes dentro de alguns amperes num circuito externo. O relé isola o PLC do circuito externo e pode ser utilizado para comutar corrente contínua (DC) ou corrente alternada (AC). No entanto, os relés são relativamente lentos a funcionar.

O tipo de transístor de saída utiliza um transístor para comutar a corrente no circuito externo. Isto provoca uma ação de comutação mais rápida. Os optoisoladores são utilizados com comutadores de transístor para provocar o isolamento entre o circuito externo e o PLC. A saída do transístor é apenas para comutação de corrente contínua.

As saídas do tipo triac podem ser utilizadas para controlar cargas CA externas. Os optoisoladores são novamente utilizados para fornecer isolamento, permitindo que as saídas sejam um sinal de 24 V e 100 mA, uma tensão CC de 110 V e 1 A, ou uma tensão CA de 240 V e 1 A ou 2 A.

1.4.1.4 Programas de entrada

Os programas são introduzidos na unidade de entrada/saída a partir de pequenos dispositivos de programação manual, consolas de secretária com uma unidade de visualização, teclado e ecrã ou através de uma ligação a um computador pessoal (PC) que é carregado com um pacote de software adequado. Só quando o programa tiver sido concebido no dispositivo de programação e estiver pronto é que é transferido para a unidade de memória do autómato. Depois de um programa ter sido desenvolvido na RAM, pode ser carregado num chip EPROM e tornar-se permanente. As especificações dos pequenos autómatos indicam frequentemente o tamanho da memória de programa em termos de passos de programa que podem ser armazenados. Um passo de programa é uma instrução para que um evento ocorra. Uma tarefa de programa pode consistir num número de passos e pode ser, por exemplo: examinar o estado do interrutor A, examinar o estado do interrutor B, se A e B estiverem fechados, então energizar a válvula solenoide P, o que pode resultar no funcionamento de algum atuador. Quando isso acontece, outra tarefa é iniciada. É comum que o número de passos que um pequeno autómato pode dar seja de 300 a 1000, o que é geralmente adequado para a maioria das situações de controlo.

1.4.1.5 Componentes de hardware do PLC

Um autómato pode conter uma cassete com uma via na qual se encontram vários tipos de módulos, como se pode ver na Figura n.º 5 5correspondente a um autómato Siemens:

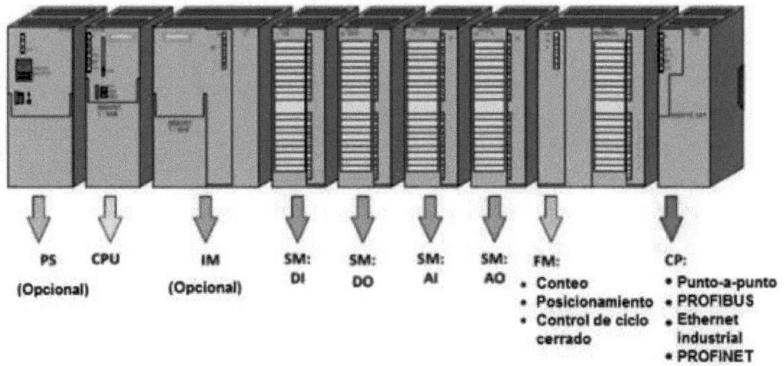

Figura n.º 5 5Componentes de hardware do PLC

PS (Power Supply): Esta é a fonte de alimentação, que converte a energia eléctrica da fonte de alimentação externa (como a rede eléctrica) na forma de tensão e corrente necessárias para alimentar os componentes internos do PLC.

CPU: É a Unidade Central de Processamento, que é o próprio PLC.

IM: Módulo de Interface, que liga diferentes módulos ao mesmo PLC.

SM (Standard Module): Módulos standard de entrada/saída. Podem ser:

- DI: Entradas digitais
- DO: Saídas digitais
- AI: Entrada analógica
- AO: Saída analógica

FM (Módulo Funcional): Os módulos FM são normalmente módulos especializados que executam funções específicas ou fornecem caraterísticas adicionais para além das capacidades de entrada/saída padrão. Por exemplo, contagem rápida, controlador PID ou controlo de posição.

CP (Communication Processor): É o módulo encarregado de ligar o PLC a uma rede industrial sob diferentes protocolos, tais como Ethernet, PROFIBUS, ligação série ponto-a-ponto, etc.

IHM (Interface Homem-Máquina): É o dispositivo responsável por proporcionar formas de interação entre o homem e o autómato, tais como ecrãs com teclados. Cada módulo do autómato tem a sua própria interface HMI básica, utilizada para a visualização de erros e condições de comunicação, bateria, entradas/saídas, funcionamento do autómato, etc. Para a interface HMI são utilizados pequenos ecrãs de cristais líquidos (LCD) ou díodos emissores de luz (LED).

1.4.1.6 Tipos de sinais utilizados pelos PLCs

Um PLC recebe e transfere sinais eléctricos que representam variáveis físicas finitas (temperatura, pressão, etc.). Assim, é necessário incluir um conversor de sinais no SM para receber e transformar os valores em variáveis físicas. Existem três tipos de sinais num PLC: sinais binários, digitais e analógicos. [2].

1) Sinais binários: sinal de um bit com dois valores possíveis ("0" - nível baixo, falso ou "1" - nível alto, verdadeiro), que são codificados através de um botão ou de um interrutor. Uma ativação abre normalmente o contacto correspondente ao valor lógico "1", e uma não ativação ao nível lógico "0". Assim, a IEC 61131 define a gama -3 - +5 V para o valor lógico "0", enquanto que 11 - 30 V são definidos como o valor lógico de "1" (para sensores sem contacto) a 24 V DC. Além disso, a 230 V CA, a norma IEC 61131 define a gama 0 - 40 V para o valor lógico "0" e 164 - 253 V para o valor lógico "1".

2) Sinais digitais: uma sequência de sinais binários, considerados como um só. Cada posição do sinal digital é designada por bit. Os formatos típicos dos sinais digitais são: tétrade - 4 bits (raramente utilizado), byte - 8 bits, palavra - 16 bits, palavra dupla - 32 bits, palavra longa dupla - 64 bits (raramente utilizado).

3) Os sinais analógicos são sinais que têm valores contínuos, ou seja, consistem num número infinito de valores (por exemplo, na gama 0 - 10 V). Atualmente, os PLCs não podem processar sinais analógicos reais. Assim, estes sinais devem ser convertidos em sinais digitais e vice-versa. Esta conversão é efectuada por meio de sensores de medição analógicos (SM), que contêm conversores analógico-digitais (ADC). A elevada resolução e exatidão do sinal analógico podem ser alcançadas através da utilização de mais bits no sinal digital. Por exemplo, um sinal analógico típico de 0 - 10 V pode ser convertido com uma exatidão de 0,1 V, 0,01 V ou 0,001 V, dependendo do número de bits no sinal digital. Outro sinal analógico industrial popular é o circuito de corrente de 4-20 mA. Este é um tipo de sinal

analógico em que a magnitude da corrente eléctrica varia proporcionalmente com a variável de processo que está a ser medida ou controlada. Nesta gama, 4 mA corresponde normalmente ao valor mínimo do processo, enquanto 20 mA corresponde normalmente ao valor máximo. Tem a vantagem de ser menos suscetível às interferências electromagnéticas e ao ruído elétrico do que os sinais de tensão, e pode ser transmitido a longas distâncias sem degradação significativa do sinal.

1.4.1.7 Princípio de funcionamento

Um PLC funciona de forma cíclica, como se descreve a seguir:

1) Cada ciclo começa com um trabalho de manutenção interna do PLC, como o controlo da memória, o diagnóstico, etc. Esta parte do ciclo é executada muito rapidamente para que o utilizador não se aperceba dela.

2) O passo seguinte é a atualização das entradas. As condições de entrada dos SMs são lidas e convertidas em sinais binários ou digitais. Estes sinais são enviados para a CPU e armazenados na memória de dados.

3) A CPU executa então o programa do utilizador, que foi carregado sequencialmente na memória (cada instrução individualmente). Durante a execução do programa, são gerados novos sinais de saída.

4) O último passo é a atualização das saídas. Após a execução da última parte do programa, os sinais de saída (binários, digitais ou analógicos) são enviados para o SM a partir dos dados da memória. Estes sinais são então convertidos nos sinais apropriados para os sinais dos actuadores. No final de cada ciclo, o PLC inicia um novo ciclo.

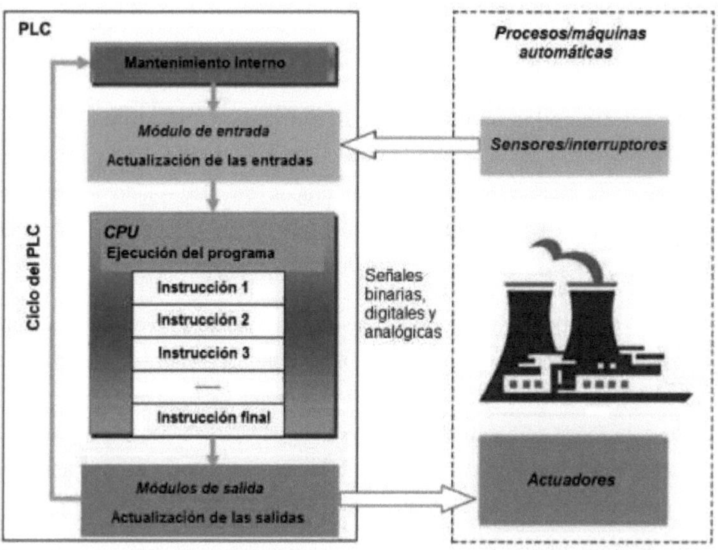

Figura n.º 6 6Ciclo de funcionamento do PLC Siemens S7-300

1.4.2 Comunicações industriais

As comunicações industriais são definidas em termos gerais como um sistema de transmissão de dados concebido para permitir a comunicação entre dispositivos no terreno, como sensores, actuadores, controladores e outros equipamentos, e sistemas de monitorização e controlo, como sistemas de controlo de processos ou sistemas de gestão.

Os sinais entre a periferia e o controlo, inicialmente analógicos e ponto-a-ponto, graças ao desenvolvimento da eletrónica digital e ao aparecimento dos microprocessadores, tornaram-se um conjunto de sinais capazes de transportar informações através de um único meio de transmissão (Fieldbus).

Entre as vantagens que a utilização desta comunicação propõe, encontramos a possibilidade de programação à distância, de supervisão à distância, de diagnóstico de todos os elementos ligados, de modularidade, de acesso à informação de forma praticamente instantânea, etc.

A norma IEC 61158 relativa a bus de campo dá a seguinte definição: "Um bus de campo é um bus de dados digital, de série, multidrop para comunicação com dispositivos de controlo industrial e instrumentação, tais como - mas não só - transdutores, actuadores e controladores locais". [3]

1.4.2.1 Camadas de comunicação numa rede industrial

A integração dos diferentes equipamentos e dispositivos de uma indústria é feita através da divisão das tarefas em grupos de processadores com uma organização hierárquica. Dependendo da função e do tipo de ligações, distinguem-se normalmente cinco níveis numa rede industrial: [4]

N1 - Nível de entrada/saída: é o nível mais próximo do processo. Este nível é basicamente constituído por unidades de receção de sinais, de atuação e de entrada/saída de dados do processo ou de um operador local. Tipicamente, este tipo de redes caracteriza-se por mensagens de curta duração, fiabilidade e integridade das mensagens, eficiência do protocolo utilizado, velocidade de transmissão e técnica de acesso ao meio dos dispositivos.

N2 - Nível de campo: integra pequenos dispositivos de automação (PLCs compactos, PIDs, multiplexers de E/S, etc.) em sub-redes ou "ilhas". No nível mais elevado destas redes, podem encontrar-se um ou mais controladores modulares que actuam como mestres de rede. Nestes dois primeiros níveis, são utilizados os chamados fieldbuses, que são o nível mais simples e mais orientado para o processo na estrutura de comunicações industriais.

N3 - Nível de controlo do processo: Este nível é constituído por unidades de controlo (com CPU e programas próprios), tais como autómatos, controladores de processo, controladores de robôs, controladores numéricos, etc., que são responsáveis pelo controlo automático de determinadas partes da instalação. A integração em rede destas unidades permite a troca de dados e informações úteis para o controlo global do processo. É a este nível que as redes do tipo LAN (MAP ou Ethernet) são normalmente utilizadas.

N4 - Nível de controlo da produção: Este nível inclui uma série de unidades destinadas ao controlo global do processo, tais como computadores de processo, terminais de diálogo, terminais de ligação com outros departamentos da empresa, etc. Estas unidades têm acesso à maior parte das variáveis do processo, geralmente com o objetivo de as monitorizar, visualizar, registar e/ou armazenar, mudar os valores de referência, alterar os programas e obter dados para processamento posterior.

N5 - Nível de gestão: Este nível inclui a comunicação com os computadores de gestão e é responsável pelo tratamento dos dados, obtidos no nível anterior, e sua utilização na análise estatística, controlo de fabrico, controlo de qualidade, gestão de stocks e gestão geral. Em alguns casos, as unidades deste nível podem ter ligações a redes proprietárias mais alargadas do tipo WAN e/ou normas de difusão da Internet.

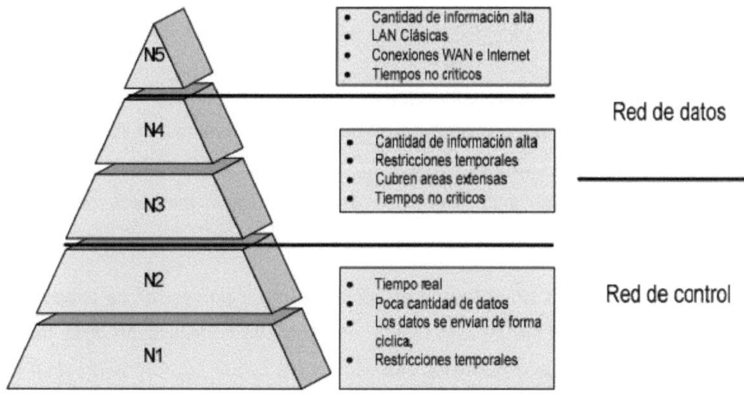

Figura n.º 7 7Hierarquia das comunicações industriais

1.4.2.2 Modos de transmissão de dados

1.4.2.2.1 Transmissão de dados em paralelo

Os barramentos de dados paralelos transmitem 8, 16 ou 32 bits simultaneamente. Neste tipo de comunicação, cada bit de dados e cada sinal de controlo tem uma linha de bus dedicada. Para transmitir uma palavra completa de 8 bits, são necessárias 8 linhas de dados. Para além destas linhas de dados, são também necessárias linhas de controlo de fluxo. A transmissão de dados em paralelo permite velocidades de transferência de dados elevadas, mas a cablagem e as interfaces são mais caras do que as da transmissão em série. A contrapartida é que este tipo de ligação é muito vulnerável a interferências electromagnéticas, pelo que é utilizado para distâncias de transmissão de dados muito curtas. [4]

É medido em bits, ou linhas de comunicação. Assim, temos barramentos de 8, 16, 32, 64, 128 bits.

1.4.2.2.2 Transmissão de dados em série

A transmissão de dados é efectuada bit a bit, sequencialmente, na mesma linha, juntamente com os bits de controlo da transmissão, utilizando apenas dois condutores. Uma vez que os blocos de informação são transmitidos sequencialmente e não simultaneamente, a taxa de transferência de dados é muito inferior à da transmissão de dados em paralelo para a mesma taxa de bits. No entanto, este tipo de transmissão é mais económico. [4]

Podem ser utilizados dois métodos para sincronizar o emissor e o recetor:

Assíncrono: O emissor e o recetor trabalham à mesma velocidade e com o mesmo número de bits por mensagem. Um determinado sinal (bit de início) indica o início da mensagem, e o recetor começa a amostrar o sinal presente no meio. Este método requer precisão nas operações de amostragem (períodos de relógio constantes ao longo do tempo).

Síncrono: Um sinal de relógio adicional indica ao recetor os tempos de amostragem do sinal. Este método requer uma linha de comunicação adicional. A vantagem deste método é que o recetor só tem de seguir os bordos do sinal de relógio.

1.4.3 Protocolos de comunicação

Uma vez definidos o meio físico e as caraterísticas do sinal a transmitir, é necessário determinar o modo como a troca de informações deve ser efectuada (sincronização entre os extremos da linha, deteção e correção de erros, gestão das ligações de comunicação, etc.).

O protocolo de comunicação engloba todas as regras e convenções que dois equipamentos devem seguir para trocar informações. [5]

1.4.4 Protocolos de comunicação em automação industrial

Panorâmica dos protocolos mais utilizados nos sistemas de controlo e automação:

1.4.4.1 Protocolos de série

RS-232: Concebido para comunicações entre um terminal de controlo e um sistema no terreno, como um sensor. Está limitado a curtas distâncias e a baixas velocidades de transmissão, ligando apenas dois dispositivos (ideal para redes ponto-a-ponto). Os conectores utilizados são limitados a DB-25 e DB-9.

Figura n.º 8 8Conector DB-9 para comunicações RS-232

RS422: aumenta o alcance (distância de transmissão) e a velocidade em relação ao RS232 e é mais resistente ao ruído eletromagnético, mas a sua principal virtude é que pode ser utilizado em topologias ponto-a-ponto ou multiponto, como as redes em estrela. Não está limitado em termos de conectores que podem ser utilizados.

RS485: também é multiponto e pode funcionar a longas distâncias. Como tem dois fios, ao contrário do RS422, pode ligar vários controladores a vários dispositivos no terreno, embora isto signifique que a programação não é tão simples como as outras duas.

1.4.4.2 Protocolos de bus de campo

A Foundation Fieldbus Association fornece a seguinte definição de bus de campo:

"Uma ligação de comunicação digital, bidirecional e de acesso múltiplo que permite a comunicação entre contadores inteligentes e dispositivos de controlo. Funciona como uma rede local para controlo avançado de processos, entrada e saída remotas e aplicações de automação de alta velocidade." [5]

Os fieldbuses substituem a tradicional cablagem ponto-a-ponto por uma única linha de comunicação, simplificando a conceção e reduzindo o custo do sistema. Permitem a transmissão de dados e comandos em tempo real, melhorando a eficiência e a fiabilidade dos sistemas de controlo industrial.

Os protocolos mais utilizados nas redes industriais são apresentados de seguida:

1.4.4.2.1 Profibus (processo de barramento de campo)

É uma norma de bus de campo, desenvolvida em 1987 pelas empresas alemãs Bosch, Klöckner Möller e Siemens. Trata-se de uma rede aberta, normalizada, independente do fabricante e com vários perfis, adaptada às condições das aplicações de automatização industrial. [5]

Os perfis são os seguintes:

- Profibus FMS (Fieldbus Message Specification): Está orientado para a troca de grandes quantidades de dados entre controladores. Neste tipo de transmissão, a funcionalidade é mais importante do que a velocidade, o que significa que os tempos de reação são mais lentos. Geralmente, a transmissão de dados é acíclica (controlada por programa). [6].

- Profibus DP (Periferia Descentralizada): Uma solução de alta velocidade concebida e optimizada para a comunicação entre sistemas de automação e dispositivos distribuídos.

- Profibus PA (Automação de Processos): Uma solução orientada para a aplicação de processos.

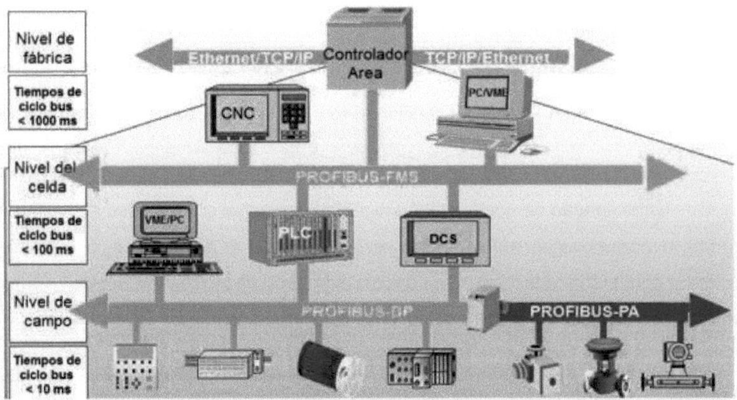

Figura n.º 9 9Rede Profibus

1.4.4.2.2 ModBus

É um protocolo desenvolvido pela Modicon em 1979, utilizado para estabelecer comunicações Mestre-Escravo e Cliente-Servidor entre dispositivos inteligentes e com dispositivos no terreno. [6]

Define uma estrutura de mensagens que os controladores podem reconhecer e utilizar independentemente do tipo de rede que utilizam para comunicar. Durante as comunicações efectuadas numa rede Modbus, o protocolo determina a forma como cada controlador reconhece os endereços, se uma mensagem lhe é dirigida, determina a ação a tomar e extrai dados da mensagem. Da mesma forma, o protocolo e as acções de resposta são definidos.

Existem duas variantes principais:

- ModBus RTU: ideal para a monitorização remota via rádio de elementos de campo (RTU, Remote Terminal Unit), tais como os utilizados em estações de tratamento de água, instalações de gás ou petróleo. Atualmente, está a ser implementado em sectores diferentes da sua ideia original, como a domótica ou o controlo de processos (ar condicionado, controlo de processos, bombagem, etc.). Utiliza a comunicação em série, como a RS-232 ou a RS-485.

- ModBus TCP/IP: Proporciona comunicação Cliente/Servidor entre dispositivos ligados numa rede Ethernet TCP/IP.

1.4.4.2.3 Hart

O protocolo de comunicação HART (Highway Addressable Remote Transducer) é amplamente utilizado na indústria de processos para comunicação digital com instrumentos de campo inteligentes.

O HART é um protocolo híbrido que combina sinais analógicos e digitais. Funciona através da sobreposição de um sinal digital sobre o sinal analógico tradicional de 4-20 mA. Isto permite a comunicação bidirecional sem interferir com o sinal analógico contínuo. O sinal digital é modulado utilizando o método FSK (Frequency Shift Keying), em que duas frequências (1200 Hz e 2200 Hz) representam os bits 1 e 0 (Figura n.º 10 10).

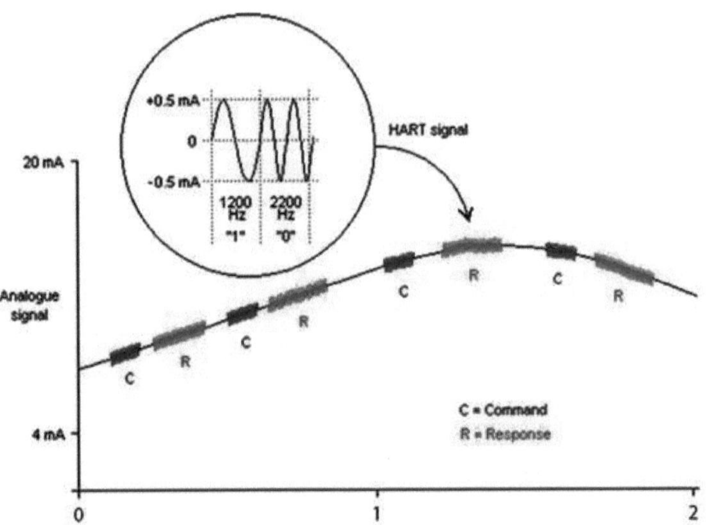

Figura n.º 10 10Codificação de bits FSK no protocolo Hart

Cada dispositivo pode transferir até 256 dados, tais como: medições, parâmetros, estado, definições, etc. A alimentação é efectuada pelo mesmo cabo. Podem ser ligados até 15 dispositivos no mesmo cabo ou bus.

Os dispositivos baseados no protocolo Hart são os únicos capazes de suportar tanto a comunicação analógica 4-20 mA como a digital no mesmo cabo, permitindo que ambos os canais sejam utilizados simultaneamente para verificar a integridade dos circuitos de controlo e permitir a manutenção preventiva em processos sensíveis. [6]

1.4.4.2.4 Fundação Fieldbus

A Fieldbus Foundation é a organização que se dedica à realização de especificações destinadas a criar um fieldbus único e aberto, bem como elementos de hardware e software para as empresas que o queiram integrar nos seus produtos.

Graças à interoperabilidade digital entre instrumentos de campo e sistemas de vários fornecedores, oferece a possibilidade de acrescentar novos elementos ao sistema de controlo com a garantia de que as funções de controlo do barramento não serão afectadas. [6]

Pode comunicar grandes volumes de informação e fornece ferramentas de controlo e comunicação dedicadas para a execução periódica e precisa das funções de controlo, eliminando o tempo de inatividade e outros problemas de comunicação Protocolos Ethernet industriais.

1.4.4.3 Ethernet industrial

A Ethernet Industrial é uma versão adaptada do protocolo Ethernet padrão utilizado em redes locais (LAN) para satisfazer as necessidades das aplicações de automação e controlo industrial. Esta adaptação inclui melhorias em termos de robustez, fiabilidade, determinismo e segurança, tornando-a adequada para ambientes industriais difíceis e aplicações críticas.

A utilização de PCs, LANs e da Internet proporciona uma grande variedade de serviços e produtos dos quais a indústria pode beneficiar. Basicamente, alguns desses benefícios são: a utilização da infraestrutura de cablagem Ethernet existente numa empresa, o que reduz significativamente os custos de instalação, o acesso fácil à rede utilizando um PC diretamente ligado à Internet, o custo razoável da tecnologia de interligação Ethernet, etc. [7]

1.4.4.3.1 Ethernet/IP

Ethernet/IP (EIP) é um protocolo de camada de aplicação de alto nível desenvolvido para o ambiente de automação industrial. Funciona com a pilha de protocolos TCP/IP, utilizando todo o hardware e software Ethernet tradicional para configuração, acesso e controlo de dispositivos de automação industrial. A Ethernet/IP classifica os nós Ethernet como tipos de dispositivos predefinidos com caraterísticas específicas.

Utiliza todos os protocolos tradicionais de transporte e controlo da Ethernet convencional, incluindo TCP, IP e acesso aos meios, presentes nas interfaces de rede e dispositivos existentes no mercado. [7]

1.4.4.3.2 Profinet

O Profinet (Process Field Net) é uma norma de comunicação industrial desenvolvida pela Siemens e gerida pela organização PROFIBUS & PROFINET International (PI). Baseia-se na Ethernet e foi concebida para a automatização industrial.

Permite a integração de bus de campo (nomeadamente PROFIBUS) de forma simples e sem modificações. Deste modo, as técnicas informáticas (tecnologias da informação) normalizadas e estabelecidas no domínio da burótica podem também ser utilizadas no mundo da automação, permitindo ligar o nível de planeamento dos recursos da empresa ao nível da produção e ao nível do terreno. [8]

Com a crescente adoção da Internet das Coisas (IoT) e da Indústria 4.0, a Profinet está a incorporar funcionalidades avançadas de cibersegurança, uma maior integração com sistemas de TI e melhorias na velocidade e no desempenho para suportar aplicações mais exigentes.

1.4.4.4 Protocolos em sistemas sem fios

As redes sem fios são redes que utilizam ondas de rádio para ligar dispositivos, sem necessidade de qualquer tipo de cabos, proporcionando flexibilidade e reduzindo os custos de instalação e manutenção.

Existem vários sistemas, que se distinguem uns dos outros de acordo com o seu âmbito ou capacidade, sendo cada um deles adequado a diferentes tarefas.

Consoante o domínio de aplicação e o alcance do sinal, podem ser classificados do seguinte modo Figura n.º 11 11.

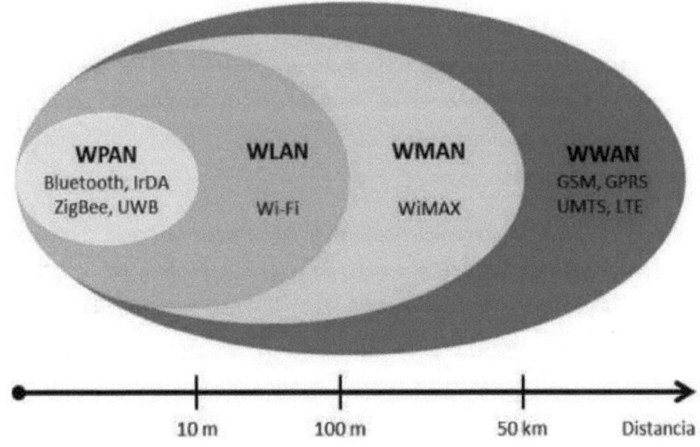

Figura n.º 11 11Classificação das redes sem fios [9]

Serão analisados os protocolos sem fios mais difundidos no domínio da automatização industrial e da aquisição de dados.

1.4.4.4.1 Wi-Fi (IEEE 802.11)

Wi-Fi é uma tecnologia baseada nas normas IEEE 802.11 que utiliza radiofrequências (RF) para alargar as redes locais com fios baseadas em Ethernet (LANs) a dispositivos com Wi-Fi, permitindo que os dispositivos recebam e enviem informações da Internet.

Utiliza o Protocolo Internet (IP) para comunicar entre os dispositivos terminais e a LAN. Uma ligação Wi-Fi é estabelecida através de um ponto de acesso sem fios que está ligado à rede e permite que os dispositivos acedam à Internet.

1.4.4.4.2 Bluetooth

O Bluetooth é uma norma para a interconexão sem fios de curto alcance de telemóveis, computadores e outros dispositivos electrónicos.

Envia e recebe ondas de rádio numa banda de 79 frequências diferentes (canais) centrada em 2,45 GHz, isolada da rádio, da televisão e dos telemóveis, e está reservada para utilização por dispositivos industriais, científicos e médicos. Os transmissores Bluetooth de curto alcance têm um consumo de energia muito baixo e são mais seguros do que as redes sem fios que funcionam a maiores distâncias, como o Wi-Fi.

1.4.4.4.3 ZigBee

O ZigBee é um protocolo de rede local (LAN) de malha de 2,4 GHz. Foi desenvolvido como uma especificação baseada no IEEE 802.15.4 para um conjunto de protocolos de comunicação de alto nível utilizados para criar redes de área pessoal com rádios digitais pequenos e de baixa potência.

Os dispositivos ZigBee transmitem dados a longas distâncias, passando-os através de uma rede em malha de dispositivos intermédios para chegar aos mais distantes, a uma velocidade definida de 250 kbps.

É normalmente utilizado em aplicações de baixo débito de dados que exigem elevada escalabilidade, longa duração da bateria e redes seguras. É mais simples e menos dispendioso do que o Bluetooth ou o Wi-Fi e é normalmente utilizado em aplicações de automatização doméstica, de edifícios e industriais, como iluminação e termóstatos controlados, monitores de energia domésticos, contadores inteligentes, recolha de dados de dispositivos médicos, sistemas de gestão do tráfego e aplicações de baixa largura de banda. [9]

1.4.4.4.4 MQTT

O MQTT (Message Queuing Telemetry Transport) é um protocolo de mensagens ligeiro concebido para a comunicação máquina-a-máquina (M2M) e Internet das Coisas (IoT). É particularmente adequado para aplicações em que a largura de banda é limitada, a rede não é fiável ou os dispositivos têm recursos limitados.

O protocolo MQTT tornou-se um padrão para a transmissão de dados IoT, uma vez que oferece os seguintes benefícios:

- **Leve e eficiente**: A implementação do MQTT no dispositivo IoT requer recursos mínimos, pelo que pode ser utilizado mesmo em microcontroladores pequenos. Por exemplo, uma mensagem de controlo MQTT mínima pode ter apenas dois bytes de dados. Os cabeçalhos das mensagens MQTT também são pequenos para otimizar a largura de banda da rede.

- **Escalável**: a implementação do MQTT requer uma quantidade mínima de código que consome muito pouca energia nas operações. O protocolo também tem funcionalidades incorporadas para suportar a comunicação com um grande número de dispositivos IoT. Portanto, é possível implementar o protocolo MQTT para se conectar a milhões desses dispositivos.

- **Fiável:** muitos dispositivos IoT ligam-se através de redes celulares pouco fiáveis com baixa largura de banda e elevada latência. O MQTT tem funcionalidades incorporadas que reduzem o tempo necessário para que o dispositivo IoT se volte a ligar à nuvem. Também define três níveis diferentes de QoS para garantir a fiabilidade dos casos de utilização IoT: no máximo uma vez (0), pelo menos uma vez (1) e exatamente uma vez (2).

- **Seguro**: o MQTT facilita aos programadores a encriptação de mensagens e a autenticação de dispositivos e utilizadores utilizando protocolos de autenticação modernos, como o OAuth, TLS1.3, certificados geridos pelo cliente, etc.

- **Suportado**: Várias linguagens, como Python e C++, têm um suporte alargado para a implementação do protocolo MQTT. Por conseguinte, os programadores podem implementá-lo rapidamente com um mínimo de codificação em qualquer tipo de aplicação.

Princípio de funcionamento do MQTT:

O protocolo MQTT funciona com base nos princípios do modelo publicar ou subscrever. Na comunicação de rede tradicional, os clientes e os servidores comunicam diretamente entre si. Os clientes solicitam recursos ou dados ao servidor e o servidor processa e envia uma resposta. No entanto, o MQTT utiliza um padrão de publicação ou subscrição para dissociar o emissor de mensagens (editor) do recetor de mensagens (assinante). Um terceiro componente, designado por broker de mensagens, controla a comunicação entre editores e assinantes. A função do corretor é filtrar todas as mensagens recebidas dos editores e distribuí-las corretamente aos assinantes. O corretor separa os editores e os assinantes da seguinte forma:

Dissociação espacial: O editor e o assinante não conhecem a localização da rede um do outro e não trocam informações como endereços IP ou números de porta.

Dissociação temporal: O editor e o assinante não funcionam ou têm conetividade de rede ao mesmo tempo.

Desacoplamento da sincronização: Tanto os editores como os assinantes podem enviar ou receber mensagens sem se interromperem mutuamente. Por exemplo, o assinante não tem de esperar que o editor envie uma mensagem. [10]

1.4.4.5 Protocolos de comunicação para Arduino

No domínio do Arduino, são utilizados vários protocolos de comunicação para permitir a interação entre o microcontrolador e outros dispositivos, sensores, actuadores e sistemas. Alguns dos protocolos mais comuns utilizados com o Arduino são descritos de seguida:

1.4.4.5.1 Série (UART)

O protocolo de comunicação UART (Universal Asynchronous Receiver-Transmitter) é um protocolo de comunicação série síncrona que utiliza duas portas para enviar e receber informação, Tx e Rx, respetivamente. [12]

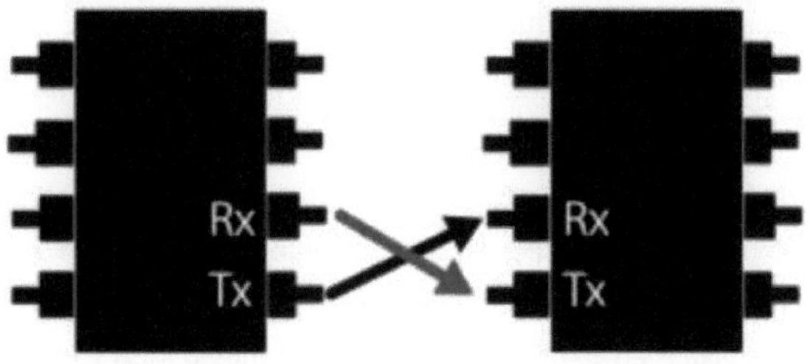

Figura n.º 12 12Ligação da porta UART [12]

Assíncrono significa que não existe um sinal de relógio a coordenar o emissor e o recetor. A sua coordenação é feita através dos bits de início e de paragem presentes na mensagem a enviar. Para que dois dispositivos que comunicam via UART se entendam, é necessário que o protocolo de comunicação que estão a utilizar tenha a mesma configuração em ambos os dispositivos, para que possam codificar e descodificar os dados transmitidos. Os parâmetros de configuração são os seguintes:

- Bits de dados: o número de bits de dados que um pacote de dados contém. Representam a informação a transmitir (números, caracteres, instruções, etc.).
- Bit de início e de paragem: Bits utilizados para especificar o início e o fim de um pacote de dados.
- Bit de paridade: O bit de paridade é utilizado para detetar erros no pacote de dados. Caso o recetor detecte (graças ao bit de paridade) que um pacote de dados contém erros, pede ao transmissor que envie novamente esse pacote de dados.
- Débito de dados: este valor é especificado em baud por segundo, em que um baud corresponde a um símbolo transmitido. Dependendo do esquema de modulação, um símbolo pode representar um ou mais bits de informação. No caso do Arduino, 1 baud = 1 bit.

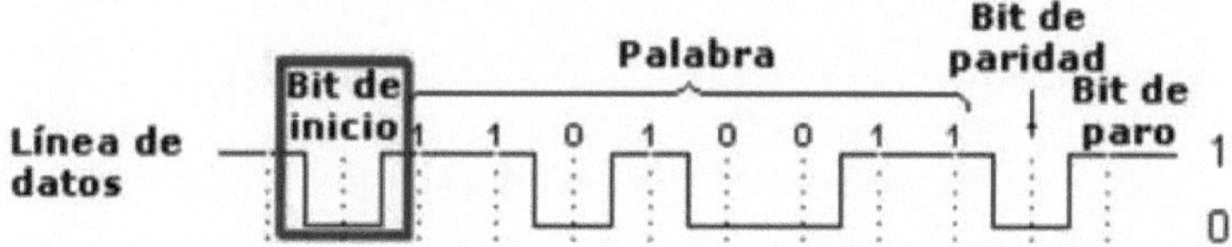

Figura n.º 13 13Pacote de dados de uma transmissão em série

A configuração mais comum é 8N1 (8 bits de dados, sem paridade e 1 bit de paragem). Esta é a configuração padrão utilizada pelo Arduino.

1.4.4.5.2 Protocolo I2C

O protocolo I2C (Inter-Integrated Circuit) é um protocolo de comunicação em série e síncrono. É também conhecido como TWI (Two Wired Interface). Este protocolo funciona com uma arquitetura master-slave, ou seja, neste tipo de arquitetura existem dois tipos de dispositivos:

- Mestre: O mestre inicia e coordena a comunicação. O mestre é responsável por estabelecer a comunicação com cada um dos escravos para enviar ou receber dados. Quando se trabalha com I2C com o Arduino, é geralmente a placa Arduino que funciona como mestre.

- Escravo: Os escravos estão à espera que um mestre comunique com eles, quer para receber dados, quer para enviar dados. Geralmente, são os periféricos, sensores e actuadores que funcionam como escravos numa comunicação I2C, embora também seja comum um microcontrolador funcionar como escravo.

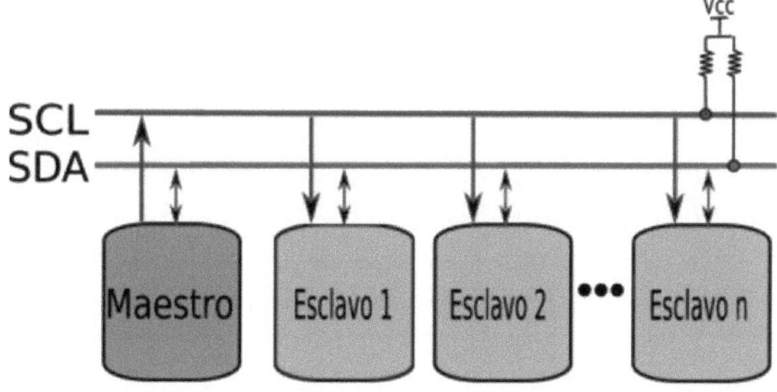

Figura n.º 14 14Comunicação I2C

Como mostra a figura, apenas são necessários 2 fios em I2C:

- SDA (Dados de série): É por onde passam os dados de série.
- SCL (Relógio de série): Este é o sinal de relógio que sincroniza a comunicação.

No I2C, é atribuído a cada slave um endereço único. O mestre utiliza esse endereço para enviar ou receber informações de ou para esse escravo em particular. Na Figura n.º 15 15 mostra como é composta uma mensagem de comunicação I2C:

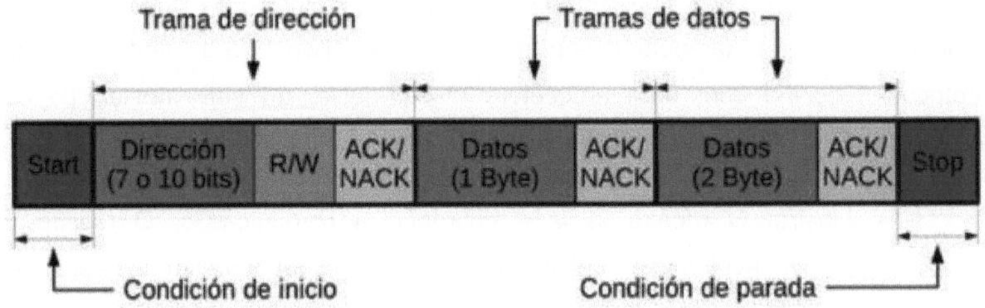

Figura n.º 15 15Composição de uma mensagem I2C

A mensagem é composta da seguinte forma:

- A condição de início faz com que os dispositivos escravos saibam que uma comunicação está prestes a ser iniciada.
- O quadro de endereço indica o endereço do escravo com o qual a comunicação deve ser estabelecida.
- O bit R/W indica se a informação deve ser enviada do master para o slave ou vice-versa.
- Os quadros de dados contêm os dados (em linguagem binária) a transmitir.
- Os bits ACK/NACK (confirmação) são enviados pelo dispositivo recetor para indicar ao remetente que recebeu os dados. No caso do quadro de endereços, o escravo utiliza o bit ACK para indicar ao mestre que é o escravo com o qual pretende comunicar.

- O bit de paragem é utilizado para indicar que a comunicação terminou e que se pretende libertar o barramento SDA.

O protocolo de comunicação I2C é um protocolo de comunicação síncrona, o que implica que existe uma linha comum a todos os dispositivos na qual o sinal de relógio flui. No caso do I2C, esta linha é a SCL.

O sinal de relógio é um comboio de impulsos, quando o sinal de relógio atinge um valor "alto", ambos os dispositivos de comunicação lêem o estado do sinal de dados na linha SDA. [11]

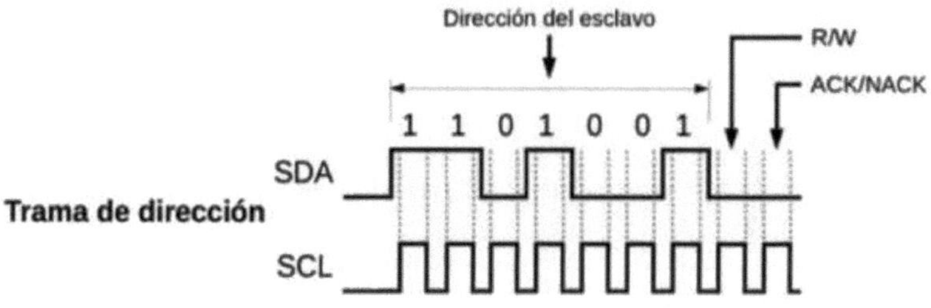

Figura n.º 16 16Sincronização do sinal I2C

1.4.4.5.3 Protocolo SPI

O protocolo de comunicação SPI (Serial Peripheral Interface) é um protocolo de comunicação em série, síncrono, a quatro fios, que utiliza uma arquitetura mestre-escravo, como se mostra na Figura n.º 17 17.

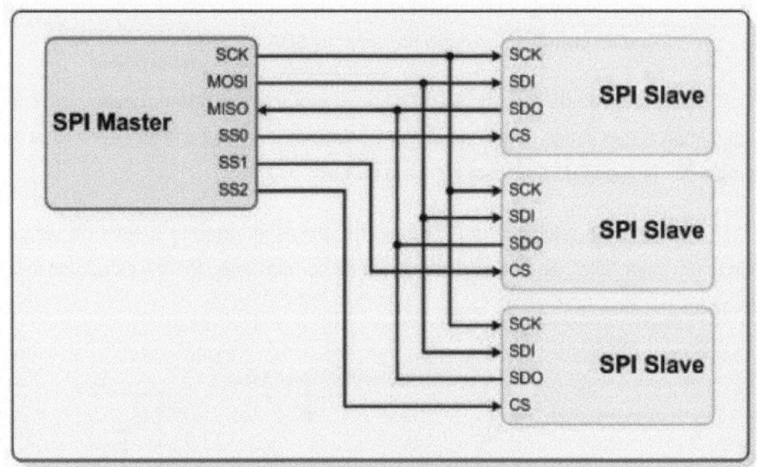

Figura n.º 17 17Comunicação SPI

Ao contrário do I2C, no SPI cada escravo tem a sua própria linha de seleção de escravo. O significado de cada linha SPI é apresentado de seguida:

- Master Out, Slave In (MOSI): Nesta linha, o master envia dados para o slave.
- Master In, Slave Out (MISO): Nesta linha, o slave envia dados para o master.
- Relógio de série (SCK): é o sinal de relógio que sincroniza a comunicação.
- Seleção de escravo (SS): Esta linha indica a um escravo específico que deve ficar ativo, quer para enviar dados, quer para receber dados.

Uma diferença em relação ao I2C é que o SPI tem dois fios de dados (MOSI e MISO), pelo que tanto o master como os slaves podem enviar e receber dados ao mesmo tempo: é uma comunicação full-duplex. [11]

1.4.5 Código aberto e hardware aberto

O termo "open source" refere-se a uma abordagem ao desenvolvimento de software que promove a acessibilidade, a transparência e a colaboração. Num projeto de código aberto, o código fonte do software está publicamente disponível para ser visto, modificado e redistribuído por qualquer pessoa.

O software de fonte aberta tem a vantagem de ser desenvolvido de forma descentralizada e colaborativa, com base na revisão pelos pares e nos resultados da comunidade. É também frequentemente mais barato, mais flexível e mais duradouro do que as suas alternativas proprietárias, dado que é desenvolvido por comunidades e não por um único autor ou uma única empresa. [12].

Figura n.º 18 18Logótipo da iniciativa de fonte aberta

A Open Source Initiative é uma organização sem fins lucrativos dedicada à divulgação e defesa dos princípios e práticas do software de fonte aberta, que define os termos que devem ser cumpridos para a distribuição de software de fonte aberta. Os temas abrangidos pela iniciativa são os seguintes. [13]:

1. Redistribuição gratuita
2. Código fonte
3. Obras derivadas
4. Integridade do código fonte do autor
5. Não discriminação de pessoas ou grupos
6. Não discriminação dos domínios de ação
7. Distribuição da licença
8. A licença não deve ser específica do produto
9. A licença não deve restringir outro software
10. A licença deve ser neutra do ponto de vista tecnológico

O termo "hardware aberto" refere-se a uma abordagem semelhante à do "código aberto", mas aplicada à conceção e fabrico de hardware físico, como placas de circuitos impressos (PCB), dispositivos electrónicos e máquinas.

Figura n.º 19 19Logótipo de hardware de fonte aberta

A Associação de Hardware de Código Aberto (OSHWA) estabelece a definição formal de Hardware de Código Aberto, denominada Declaração de Princípios 1.0:

O hardware de fonte aberta (Open Source Hardware - OSHW) é um hardware cuja conceção é disponibilizada publicamente para que qualquer pessoa possa estudar, modificar, distribuir, materializar e vender, tanto o original como outros objectos baseados nessa conceção. As fontes do hardware (ou seja, os ficheiros de origem) devem estar disponíveis num formato adequado para modificação. Idealmente, o hardware de fonte aberta utiliza componentes e materiais altamente disponíveis, processos normalizados, infra-estruturas abertas, conteúdos sem restrições e ferramentas de fonte aberta, a fim de maximizar a capacidade dos indivíduos para realizar e utilizar o hardware. O hardware de fonte aberta dá liberdade para controlar a tecnologia, ao mesmo tempo que partilha conhecimentos e estimula a comercialização através do intercâmbio aberto de projectos. [14].

Os termos que devem ser cumpridos para a distribuição de Hardware de Código Aberto são:

1. Documentação

2. Divulgação

3. Software necessário

4. Obras derivadas

5. Redistribuição gratuita
6. Atribuição
7. Não discriminação de pessoas ou grupos
8. Não discriminação nos domínios de aplicação
9. Distribuição da licença
10. A licença não deve ser específica para um determinado produto
11. A licença não restringe outros equipamentos ou programas informáticos.
12. A licença deve ser tecnologicamente neutra.

1.4.5.1 Vantagens da fonte aberta

- **Transparência e liberdade:** O acesso ao código-fonte permite aos utilizadores compreender o funcionamento do software, o que promove a transparência e a liberdade de o modificar de acordo com as suas necessidades.

- **Inovação colaborativa:** O modelo de desenvolvimento aberto incentiva a colaboração entre programadores de todo o mundo, o que pode levar a uma maior inovação e à criação de melhores produtos.

- **Custo reduzido:** O software de fonte aberta é geralmente gratuito ou tem um custo significativamente inferior ao do software proprietário.

- **Flexibilidade e personalização:** Os utilizadores têm a liberdade de modificar o software de acordo com as suas necessidades específicas.

- **Comunidade de desenvolvimento ativa:** Os projectos de código aberto têm normalmente uma comunidade ativa de programadores e utilizadores que prestam apoio técnico, resolvem problemas e contribuem para o desenvolvimento contínuo do software.

1.4.5.2 Vantagens do hardware aberto

- **Acesso a desenhos e esquemas:** O acesso livre a desenhos e esquemas de hardware permite conhecer o funcionamento de um dispositivo e facilita a modificação e o melhoramento do desenho.

- **Liberdade de fabrico:** Os utilizadores têm a liberdade de fabricar e montar os seus próprios dispositivos utilizando designs de hardware abertos.
- **Transparência e confiança:** A transparência e a confiança são promovidas ao permitir que os utilizadores inspeccionem e verifiquem os desenhos e componentes.
- **Colaboração e comunidade**: Os projectos de hardware aberto têm frequentemente uma comunidade ativa de designers, fabricantes e utilizadores que colaboram no desenvolvimento e melhoria contínua dos dispositivos.
- **Personalização e adaptabilidade:** Permite personalizar e adaptar os dispositivos de acordo com as necessidades.

1.4.6 Arduino

O Arduino é uma ferramenta de conceção e prototipagem de eletrónica que reúne hardware de código aberto e código aberto num único produto. É constituído por uma placa de circuito impresso com um microcontrolador e um ambiente de desenvolvimento integrado (IDE) que permite escrever, carregar e executar programas no microcontrolador. [15].

Figura n.º 20 20Placa de desenvolvimento Arduino UNO

O microcontrolador Arduino é normalmente um chip da família AVR da Atmel (atualmente parte da Microchip Technology) ou da família ARM. A placa Arduino inclui várias portas de entrada/saída digitais e analógicas que permitem a ligação de sensores, actuadores e outros componentes electrónicos.

O ambiente de desenvolvimento Arduino (Figura n.º 21 21) fornece uma biblioteca de funções e exemplos que simplificam a programação. Os programas Arduino, chamados "sketches", são escritos numa linguagem de programação baseada em C/C++.

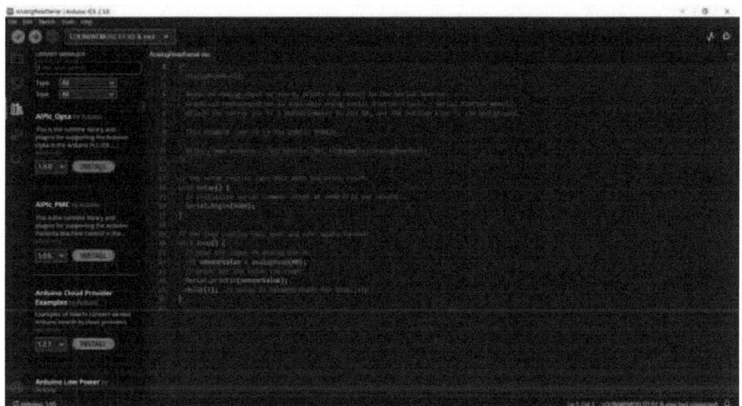

Figura n.º 21 21Ambiente de desenvolvimento integrado (IDE) Arduino

A sua comunidade ativa e colaborativa, juntamente com a sua extensa documentação e tutoriais, fazem do Arduino uma ferramenta poderosa para estudantes, amadores e profissionais.

1.4.6.1 Módulos Arduino

Graças à popularidade generalizada do ambiente de desenvolvimento Arduino, foi desenvolvida uma grande variedade de módulos para expandir as suas capacidades. Estes incluem não só o hardware, mas também o código necessário para utilizar as suas funcionalidades. A seguir, analisaremos em pormenor os módulos que foram implementados neste projeto.

1.4.6.1.1 Módulo de saída de relé

Este módulo permite comandar a saída de um relé através de um pino digital do Arduino, o que é muito útil para controlar cargas superiores às que a nossa placa consegue suportar. Possui um circuito optoacoplado, que ativa a bobina do relé através de um sinal digital (dependendo do modelo, pode ser ativado com um zero ou um). Os modelos mais comuns no mercado são os de 1, 2, 4, 8 e até 16 canais.

Para a ligação, o módulo dispõe de um pino VCC, que corresponde à alimentação, um GND que corresponde à terra ou negativo, e os pinos de sinal que activam cada um dos relés.

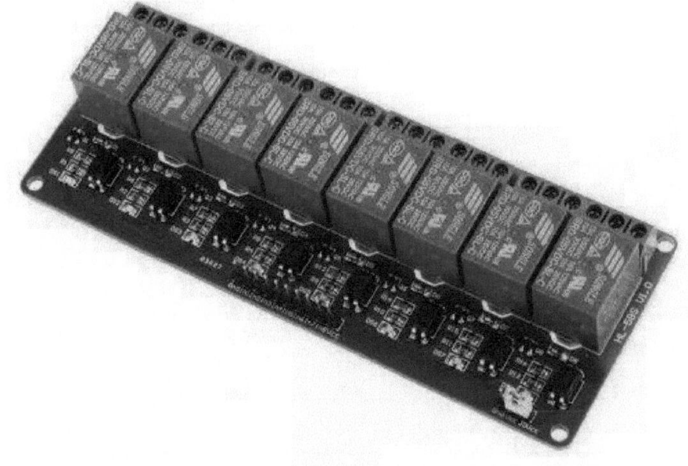

Figura n.º 22 22Módulo relé de 8 canais

1.4.6.1.2 Ecrã LCD

Os ecrãs LCD (Liquid Crystal Display) são dispositivos de visualização que permitem a visualização de informações de texto em formato alfanumérico ou numérico.

É composto por uma matriz de pixéis que podem apresentar texto, números e gráficos. A resolução e o tamanho do ecrã podem variar consoante o modelo, sendo o mais comum o LCD 16×2 (2 linhas e 16 caracteres) (Figura n.º 23 23), 20×4, 20×2 e 40×2. São equipados com uma retroiluminação LED que permite ver o ecrã em ambientes com pouca luz, que pode ser azul, amarela ou verde.

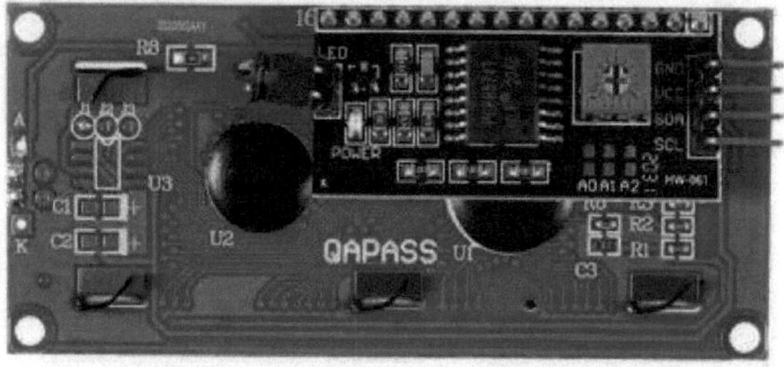

Figura n.º 23 23Ecrã LCD 1602

Os ecrãs LCD podem ser ligados ao Arduino através de diferentes interfaces de comunicação, como a paralela, a série (SPI) ou a I2C. A interface I2C é normalmente utilizada, uma vez que requer menos pinos e facilita a ligação, mas requer a adição de um módulo de interface I2C, como o apresentado na Figura 24. Figura n.º 24 24. Este módulo permite a comunicação com o ecrã utilizando apenas 4 pinos (GND, VCC, SDA e SCL). Incorpora um potenciómetro para regular o contraste e a nitidez dos caracteres, e os pinos A0, A1 e A2 que são utilizados para definir o endereço do dispositivo no barramento I2C.

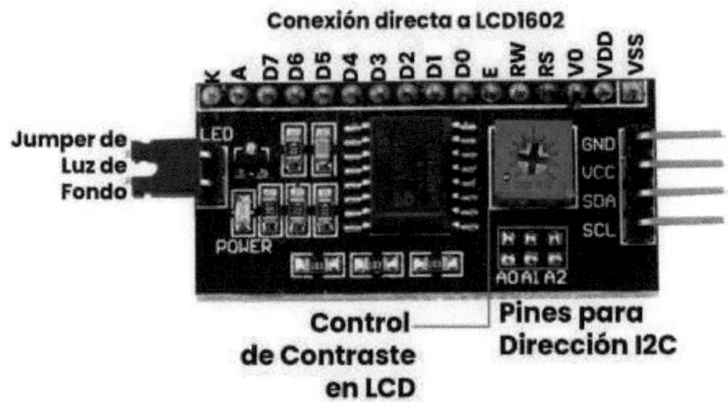

Figura n.º 24 24Módulo de interface I2C

1.4.6.1.3 Regulador de tensão LM2596

O circuito LM2596S (Figura n.º 25 25) é um circuito integrado [16] que permite regular ou reduzir a tensão de entrada do circuito. O circuito integrado tem uma gama de funcionamento de 1,23V a 40V e a tensão de saída é ajustável através de um potenciómetro de precisão.

Figura n.º 25 25Regulador de tensão LM2596

Quadro nº 1. Especificações do Regulador de Tensão LM2596

Categoria	Especificação
Tensão de funcionamento	4,0V ~ 40V DC
Tensão de saída	1,23V ~ 37V DC ajustável (a tensão de entrada deve ser, pelo menos, 1,5V superior à de saída)
Corrente de saída	máx. 3A, 2,5A recomendado (utilizar dissipador de calor para correntes superiores a 2A)
Potência de saída	50-70W
Eficiência de conversão	0,92
Regulação da carga	S (I) ≤ 0,8%
Regulação da tensão	S (u) ≤ 0,8% S (u) ≤ 0,8% S (u) ≤ 0,8%
Frequência de trabalho	150KHz
Ripple a sair	30mV (máx.), largura de banda de 20M
Temperatura de funcionamento	-40°C ~ +85°C
Proteção	Curto-circuito e sobreaquecimento
Dimensões	4,2cm x 2,3cm x 1,2cm
Peso	11 gramas

1.4.6.1.4 Optoacoplador PC817

Um optoacoplador, também designado por optoisolador ou isolador opticamente acoplado, é um dispositivo transmissor e recetor que funciona como um interrutor ativado pela luz emitida por um LED que satura um componente optoelectrónico, geralmente sob a forma de um fototransistor ou fototriac. Desta forma, um fotoemissor e um fotorreceptor são combinados num único dispositivo semicondutor, sendo a ligação entre eles ótica. Estes elementos estão contidos num encapsulamento, geralmente do tipo DIP, e são frequentemente utilizados para isolar eletricamente dispositivos muito sensíveis. [17].

No caso do PC817, trata-se de um optoacoplador de uso geral num invólucro DIP-4 de canal único (Figura n.º 26 26).

PINOUT
Optoacoplador PC817

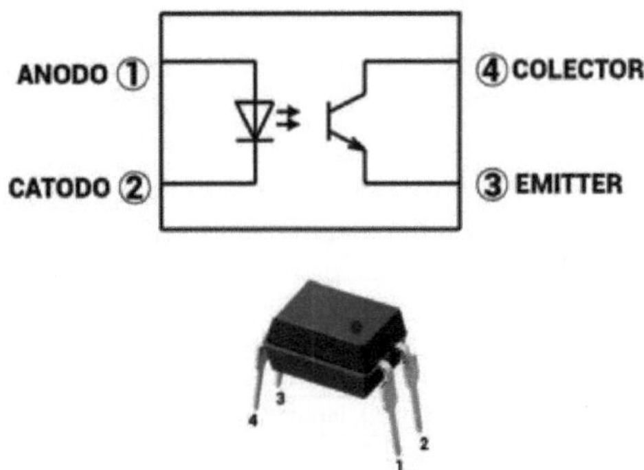

Figura n.º 26 26Optoacoplador PC817

As aplicações mais comuns para o Optoacoplador PC817 são:

- Isolamento de E/S para MCUs (unidades de microcontroladores)
- Supressão de ruído em circuitos de comutação
- Transmissão de sinais entre circuitos de potenciais e impedâncias diferentes.

1.4.6.1.5 Conjunto de transístores Darlington ULN2803

O circuito integrado ULN2803 (Figura n.º 27 27) é um conjunto de transístores Darlington de alta tensão e alta corrente. O dispositivo é composto por oito pares NPN Darlington que fornecem saídas de alta tensão com díodos de proteção de cátodo comum para comutação de cargas indutivas. A corrente de coletor nominal de cada par Darlington é de 500 mA. Os pares Darlington podem ser ligados em paralelo para uma maior capacidade de corrente.

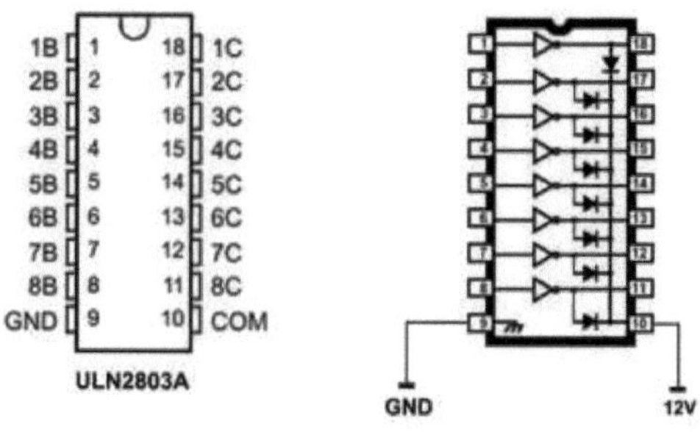

Figura n.º 27 27Matriz Darlington ULN2803

Um par Darlington (Figura n.º 28 28) é um arranjo de dois transístores bipolares utilizados em conjunto para proporcionar um elevado ganho de corrente. A configuração Darlington permite que um transístor controle a corrente de outro transístor, resultando num ganho de corrente combinado muito superior ao de um único transístor.

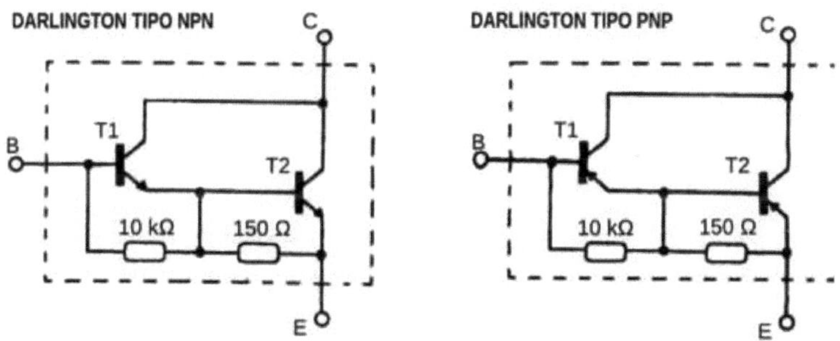

Figura n.º 28 28Par Darlington

A incorporação deste circuito integrado no projeto do PLC aumenta significativamente a capacidade do microcontrolador para lidar com cargas. Enquanto uma placa Arduino pode fornecer até 20 mA de corrente em cada pino, a inclusão deste circuito permite uma capacidade de até 500 mA por pino.

1.4.6.2 Sensores

Os sensores são dispositivos que transformam variáveis físicas do ambiente em variáveis eléctricas que podem ser lidas e interpretadas por um microcontrolador. Fornecem aos sistemas electrónicos informações sobre o mundo que os rodeia, permitindo-lhes tomar decisões, controlar processos ou realizar acções em resposta a alterações detectadas.

Alguns dos sensores mais utilizados no ambiente de desenvolvimento do Arduino são

- Sensor de temperatura
- Sensor de humidade
- Sensor de proximidade
- Sensor de efeito Hall (medidor de caudal)
- Sensor de pressão
- Sensor de sólidos totais dissolvidos
- Sensor de cor
- Sensor de som
- Sensor de movimento linear e angular
- Sensor de nível

Os pormenores dos sensores que estão envolvidos no controlo do equipamento de tratamento de água são apresentados a seguir.

1.4.6.2.1 Sensor de efeito Hall - Medidor de caudal

Um medidor de caudal é um sensor utilizado para medir o caudal de um fluido através de um tubo. Existem diferentes métodos para efetuar esta medição, mas o mais comum e mais barato disponível para o ambiente Arduino é o sensor de efeito Hall. Neste projeto, é utilizado o sensor de fluxo YF-B5 (Figura n.º 29 29), que consiste num tubo de latão com uma hélice no interior e um sensor de efeito Hall no exterior. Um pequeno íman está ligado a uma das pás da hélice. Quando o fluido atravessa o tubo e faz rodar a hélice, o íman também roda, gerando um campo magnético variável. À medida que a hélice roda e o íman passa perto do sensor, o campo magnético variável induz uma tensão no sensor de efeito Hall. Esta tensão é proporcional à velocidade de rotação da hélice, que é utilizada para calcular o caudal do fluido.

A saída do sensor é uma onda quadrada cuja frequência é proporcional ao caudal que o atravessa:

$$f(Hz) = K.Q\left(\frac{l}{min}\right) \Rightarrow Q\left(\frac{l}{\min}\right) = \frac{f(Hz)}{K}$$

O fator K de conversão entre a frequência (Hz) e o caudal (L/min) depende dos parâmetros de construção do sensor. O fabricante fornece um valor de referência na sua folha de dados. No entanto, a constante K depende do medidor de caudal individual. Com o valor de referência, podemos ter uma exatidão de +-10%. Se for necessária uma precisão superior, deve ser efectuado um teste para calibrar o medidor de caudal.

Figura n.º 29 29Sonda de caudal YF-B5

1.4.6.2.2 Sensor de sólidos totais dissolvidos - Medidor de condutividade

Um medidor de TDS (sólidos totais dissolvidos) mede a quantidade de sólidos totais dissolvidos, tais como sais, minerais e metais na água. À medida que a quantidade de sólidos dissolvidos na água aumenta, a condutividade da água aumenta, o que permite que o total de sólidos dissolvidos seja calculado em ppm (mg/L).

O princípio de funcionamento de um medidor de TDS baseia-se na condutividade eléctrica da água. Quando os sólidos dissolvidos estão presentes na água, estes iões ou partículas carregadas podem conduzir a corrente eléctrica. Por conseguinte, quanto maior for a concentração de sólidos dissolvidos na água, maior será a condutividade eléctrica da água.

O medidor de TDS (Figura n.º 30 30) utiliza eléctrodos imersos em água para medir a sua condutividade eléctrica. Quando os eléctrodos estão em contacto com a água, é gerada uma pequena corrente eléctrica entre eles. O sensor mede esta corrente e converte-a numa leitura de TDS em ppm (partes por milhão).

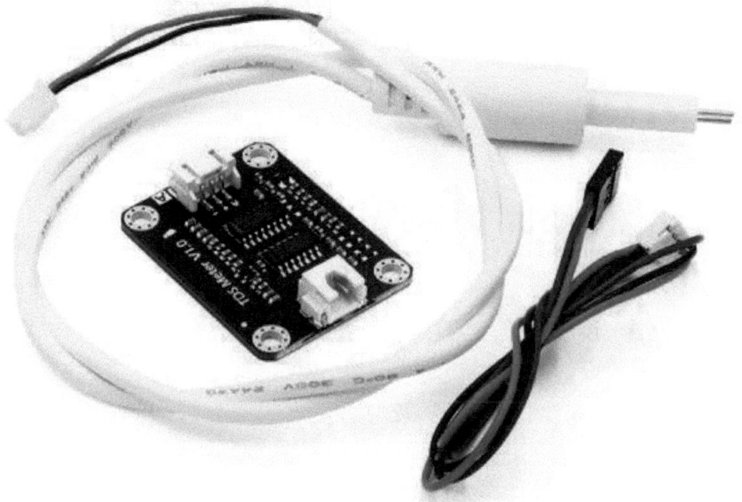

Figura n.º 30 30Sensor TDS KS0429 keyestudio V1.0

1.4.6.2.3 *Interruptor de nível de flutuação*

Estes comutadores são constituídos por um invólucro feito de um material com uma densidade inferior à do fluido, o que permite a flutuação, e por uma esfera (Figura n.º 32).Figura n.º 32 32) que se move livremente no seu interior. Quando o nível do fluido desce, o interrutor começa a ficar suspenso pelo seu cabo de sinalização e o seu ângulo de inclinação muda. Esta mudança de inclinação faz com que a esfera role em qualquer direção, accionando ou interrompendo um contacto interno.

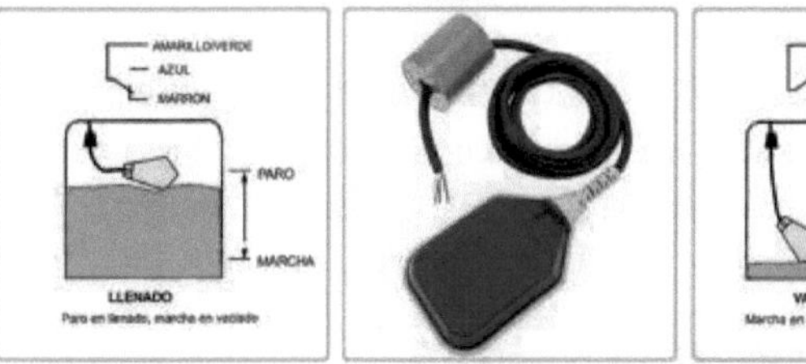

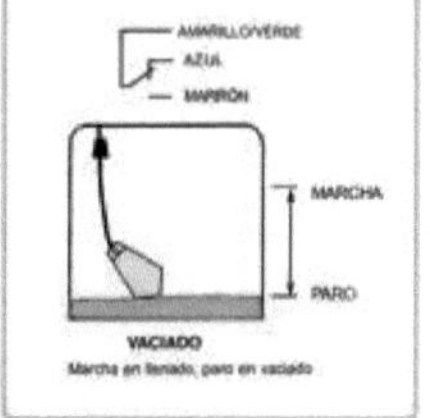

Figura n.º 31 31Interruptor do nível de flutuação

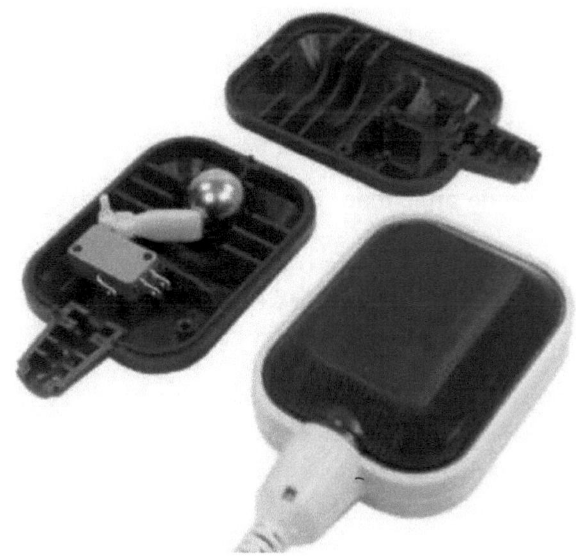

Figura n.º 32 32Interior do interrutor de nível flutuante

1.4.6.2.4 Interruptor de pressão

O interrutor de pressão é um dispositivo que monitoriza a pressão de um líquido ou gás num sistema. A sua principal função é detetar quando a pressão atinge um valor pré-determinado e, em resposta, ativar ou desativar um circuito elétrico.

Figura n.º 33 33Interruptor de pressão

Na parte inferior existe uma ligação para ligar o pressostato ao sistema de pressão e duas entradas para as ligações eléctricas. Quando a tampa é removida, dois foles são pressionados com porcas, através das quais as pressões de funcionamento dos contactos eléctricos podem ser ajustadas.

1.4.7 Contexto de aplicação: Estação de tratamento de águas

Este projeto foi concebido com o objetivo de automatizar o funcionamento de uma estação de tratamento de água, que purifica a água para obter os parâmetros adequados para a irrigação de uma estufa.

1.4.7.1 Descrição da estação de tratamento de águas

No diagrama de blocos (Figura n.º 34 34) são apresentados os diferentes elementos que fazem parte do sistema de tratamento de água e a sua relação entre si.

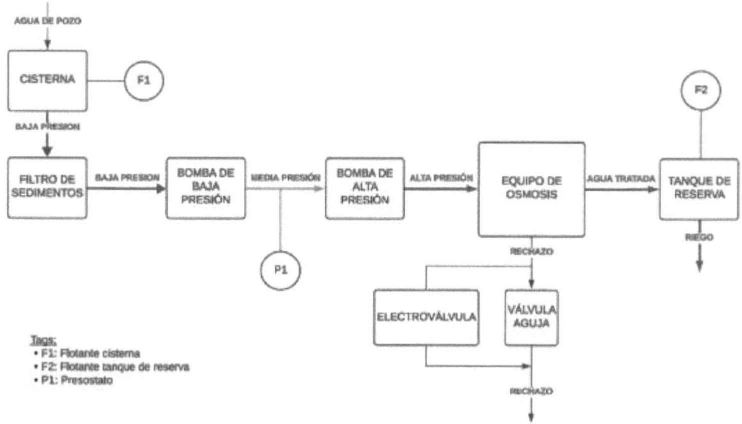

Figura n.º 34 34Diagrama de blocos da estação de tratamento de água

Cisterna: é o reservatório de água bruta proveniente do lençol freático, proveniente de um furo.

Filtro de sedimentos: É um filtro do tipo cesto, com uma malha para a filtragem de sólidos de grande granulometria.

Bomba de baixa pressão (booster): É a bomba encarregada de fornecer a pressão adequada para a bomba de alta pressão, devido ao facto de esta última ter uma pressão de aspiração superior à disponível a partir da energia potencial do depósito de altura manométrica.

Bomba de alta pressão: É a bomba responsável por gerar a pressão necessária para que o efeito de osmose inversa se produza e a água purificada possa passar através das membranas.

Equipamento de osmose: Consiste num tubo com membranas de osmose no seu interior. Estas membranas são semi-permeáveis, com poros microscópicos que permitem a passagem da água, mas bloqueiam a passagem de contaminantes maiores. É necessária uma pressão elevada para que esta separação se efectue. A água purificada passa através de uma conduta para o tanque de retenção, e os contaminantes são separados do outro lado, conhecido como rejeição.

Válvula de agulha: Esta válvula é regulada manualmente para restringir a passagem de rejeição de forma a aumentar a pressão no interior do tubo de membrana do equipamento de osmose.

Válvula solenoide: Esta válvula de acionamento elétrico permanece fechada durante o funcionamento normal do equipamento, e abre-se durante o processo de paragem do equipamento. Quando totalmente aberta, permite a passagem sem restrições da rejeição, o que gera uma maior circulação de água, arrastando assim todas as impurezas que possam estar depositadas nas faces das membranas de osmose.

Reservatório de reserva: Reservatório onde é armazenada água purificada, disponível para irrigação.

1.4.7.2 Requisitos de automatização

Em seguida, são apresentados os elementos envolvidos na automação, que têm uma influência direta nas decisões e acções do PLC.

1.4.7.2.1 Bilhetes

- Tanque flutuante: interrutor de nível de boia.

- Tanque flutuante: interrutor de nível de boia.

- Pressostato: mede a pressão gerada pela bomba de baixa pressão e fecha um contacto quando a pressão definida é atingida.

1.4.7.2.2 Saídas

- Bomba de baixa pressão

- Bomba de alta pressão

- Válvula solenoide: É uma válvula que abre quando é fornecida energia através do seu solenoide. É responsável pela abertura da tubagem para a retrolavagem das membranas de osmose.

- Luz de alarme: Luz vermelha montada na parte frontal da placa eletrónica, que é activada quando ocorre um problema no processo de arranque do equipamento.

1.4.7.2.3 Filosofia de controlo

Arranque do equipamento: O equipamento arranca quando as permissões de arranque são activadas. Primeiro, a bomba de baixa pressão é ligada. Após 20 segundos, se o pressóstato indicar que a pressão atingiu o valor definido, a bomba de alta pressão é ligada. Este tempo de atraso no arranque da bomba de alta pressão destina-se a assegurar que toda a tubagem é enchida com água a uma pressão mais baixa, de modo a evitar golpes de aríete.

Autorizações de arranque:

- Flutuador alto da cisterna: indica que há água para a aspiração da bomba.
- Flutuador do depósito tampão baixo: O depósito tampão de água tratada está baixo e precisa de ser enchido.

Paragem do equipamento: Quando uma das permissivas de arranque é desactivada, é iniciado o processo de paragem do equipamento. Este consiste na abertura da electroválvula, que provoca a lavagem das membranas de osmose, e 60 segundos depois, no desligamento da bomba de alta e baixa pressão.

Alarme - falha no arranque: Para evitar falsas leituras no pressóstato causadas pelo arranque da bomba de baixa pressão, a bomba de baixa pressão é ligada e aguarda 4 segundos para considerar a sua leitura. Se, após este tempo, a pressão não atingir o valor definido, a bomba de baixa pressão é desligada e é tentado um novo arranque (se as permissões de arranque o permitirem). Se, após 3 tentativas consecutivas, o arranque não for executado, a bomba de baixa pressão é desligada e é ativado um alarme que indica "Falha no arranque".

1.4.7.3 Implementação do sistema

Na Figura n.º 35 35 mostra-se o equipamento de osmose real que foi automatizado utilizando o PLC de código aberto desenvolvido. Na Figura Figura n.º 36 36 destaca-se cada um dos componentes do processo apresentados na Figura 34: Diagrama de blocos da estação de tratamento de água. Figura n.º 34 34Diagrama de blocos da estação de tratamento de água.

Na Figura n.º 37 37 mostra com mais detalhe o PLC montado no quadro elétrico da unidade de osmose.

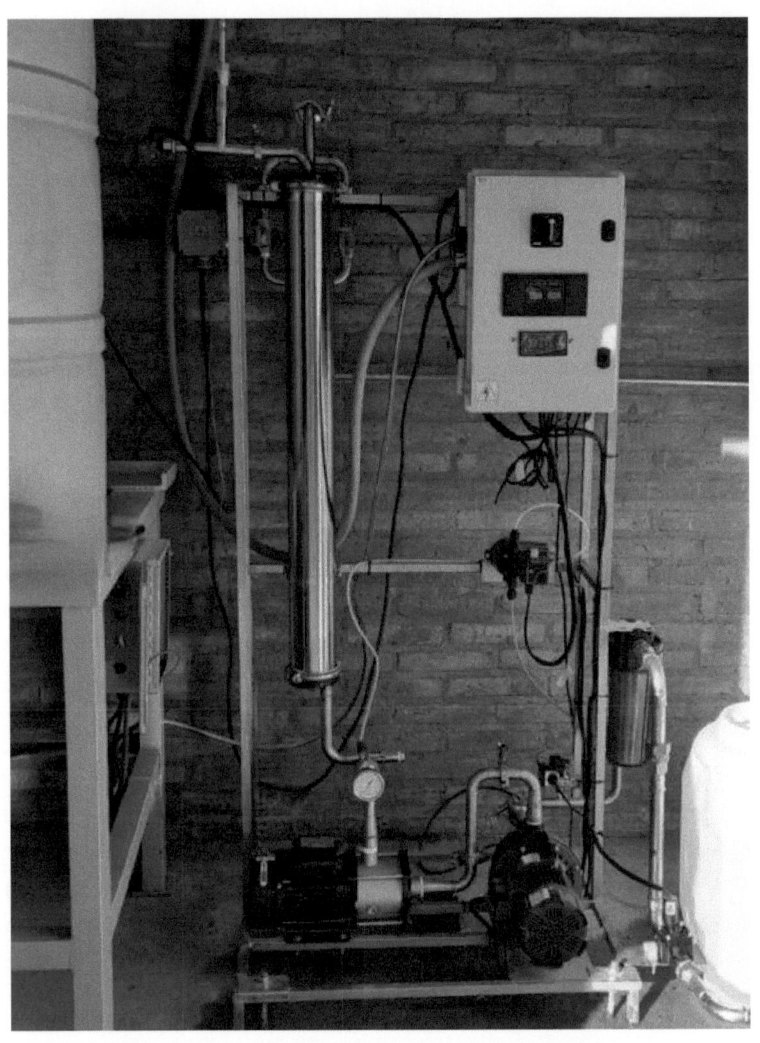

Figura n.º 35 35Equipamento de osmose - implementação efectiva

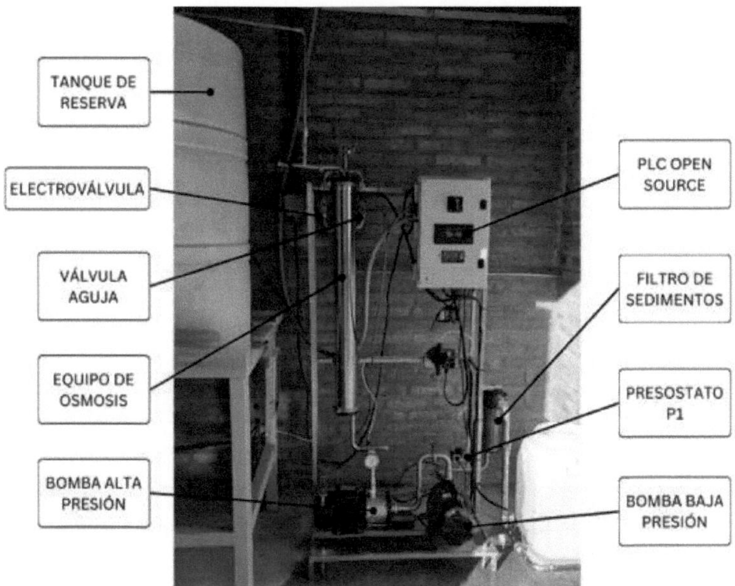

Figura n.º 36 36Componentes do equipamento de osmose

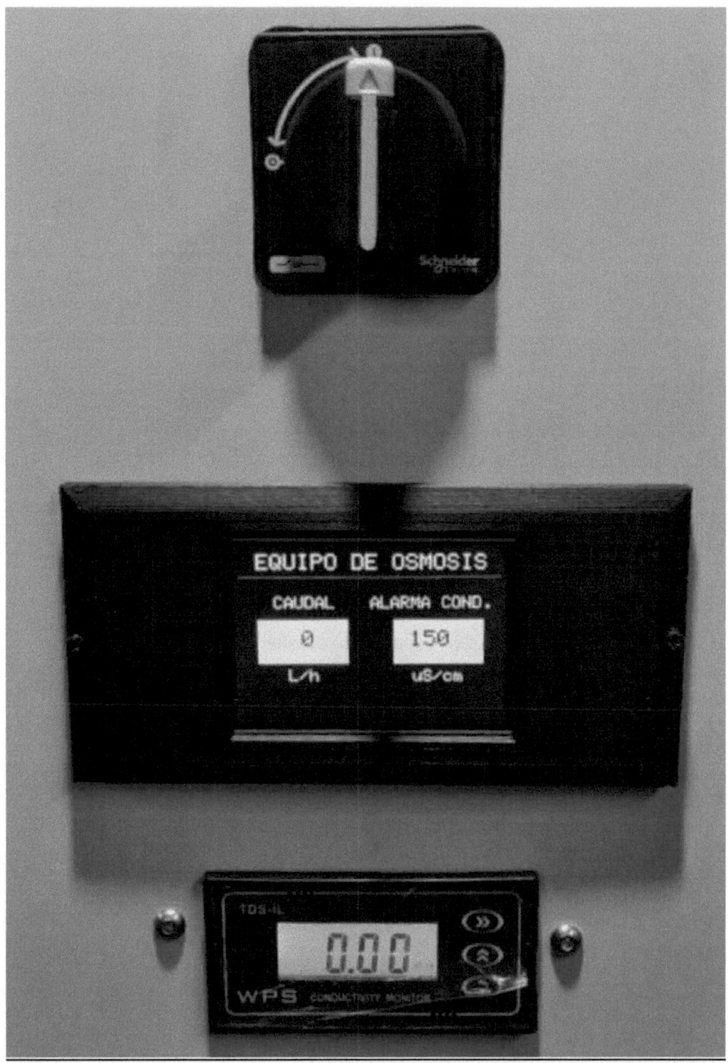

Figura n.º 37 37PLC open source - implementação real

1.4.8 Justificação

Ao realizar um projeto de automação, podemos encontrar no mercado local uma grande variedade de PLCs industriais, que cobrem uma vasta gama de funções, mas que estão disponíveis a um custo elevado. Com um orçamento reduzido, perde-se a possibilidade de automatizar, ou então recorre-se ao desenvolvimento de soluções utilizando microcontroladores de código aberto. Esta opção tem a vantagem de ser mais barata, mas leva muito tempo e o resultado nem sempre é o mais robusto. Por esta razão, este projeto pretende fornecer aos utilizadores finais uma solução acessível, com funções básicas, mas que tenha um desempenho fiável e satisfatório, para que possam concentrar os seus recursos e energia no projeto de automação em si, melhorando os seus processos de forma eficaz e sem comprometer a qualidade e estabilidade do sistema implementado.

1.4.9 Estado da arte

1.4.9.1 PLCs industriais

1.4.9.1.1 PLC Siemens S7-1200

O PLC S7-1200 é um controlador lógico programável desenvolvido pela empresa alemã Siemens, destinado à automação industrial, que se destaca pela sua flexibilidade, facilidade de utilização e capacidade de integração com outros sistemas.

As principais caraterísticas são:

- Modularidade: foi concebido como um sistema modular, pelo que podem ser acrescentados módulos de expansão para aumentar as suas capacidades em função das necessidades. Estes módulos podem ser entradas ou saídas analógicas ou digitais, módulos de comunicação, módulos tecnológicos (contadores rápidos, posicionamento, medição de energia, etc.) e módulos funcionais.

- Capacidades de comunicação: Suporta vários protocolos de comunicação, tais como PROFINET, PROFIBUS, Modbus TCP/IP e comunicação ponto-a-ponto. Possui uma porta Ethernet integrada, o que facilita a integração em redes industriais.

- Programação: É programado utilizando o software TIA Portal (Totally Integrated Automation), que proporciona um ambiente de desenvolvimento integrado e fácil de utilizar. Suporta várias linguagens de programação, tais como diagrama em escada, diagrama de blocos funcionais, texto estruturado, etc.

- Caraterísticas avançadas: Integra funções de controlo PID, permitindo controladores de circuito fechado precisos e eficientes, e suporta a criação de aplicações Web para monitorização e controlo a partir de navegadores Web.

- Segurança: Fornece funcionalidades de segurança para proteger os dados e o acesso ao sistema, como a autenticação do utilizador e a encriptação de dados.

Figura n.º 38 38PLC Siemens S7-1200

Quadro n.º 2 2Caraterísticas dos modelos S7-1200 [19]

Modelo	Memória	Entradas/Saídas	Interfaces de comunicação	Módulos adicionais
S7-1211C	25 KB	6 DI / 4 DO	1 x Ethernet	Até 2
S7-1212C	50 KB	8 DI / 6 DO	1 x Ethernet	Até 3
S7-1214C	100 KB	14 DI / 10 DO	1 x Ethernet, 1 x RS-485	Até 8
S7-1215C	125 KB	14 DI / 10 DO	2 x Ethernet, 1 x RS-485	Até 8
S7-1217C	125 KB	14 DI / 10 DO	2 x Ethernet, 1 x RS-485	Até 8

O Quadro n.º 2 2 apresenta os diferentes modelos do autómato S7-1200 com as suas principais caraterísticas.

1.4.9.1.2 Delta PLC TP04P-32TP1R

Este modelo de PLC da Delta Electronics é composto por um controlador lógico programável com um painel HMI de texto de 4 linhas e um painel tátil, tudo integrado num único dispositivo.

Figura n.º 39 39Delta PLC TP04P-32TP1R [20]

Quadro n.º 3 3Caraterísticas do PLC Delta TP04P-32TP1R PLC

Caraterística	Descrição
Modelo	TP04P-32TP1R
Entradas digitais	16 DI
Saídas digitais	16 DO (Relé)
Capacidade de expansão	Permite a ligação de módulos de expansão
Interfaces de comunicação	RS-232/RS-485, Modbus
Alimentação eléctrica	24 VDC
Ecrã e teclado	Ecrã LCD e teclado integrado
Programação	Software WPLSoft, suporta Diagrama Ladder (LD)

1.4.9.2 PLCs industriais baseados em hardware de código aberto

Atualmente, várias empresas estão a entrar na oferta de controladores industriais baseados em Hardware Open Source, ganhando terreno no campo da automação. Esta nova geração de controladores oferece uma alternativa inovadora e flexível para uma vasta gama de aplicações industriais e projectos de engenharia, concebida para suportar condições extremas de temperatura, humidade e ruído eletromagnético, típicas em ambientes industriais.

1.4.9.2.1 *Finder Opta - Arduino Pro*

A empresa Finder, uma marca italiana presente em todo o mundo, que produz componentes electrónicos e electromecânicos para o sector civil e industrial, decidiu estabelecer uma parceria com a Arduino Pro. [18]para lançar uma nova gama de Relés Inteligentes Industriais ou Relés Lógicos Programáveis (PLR). Esta nova linha chama-se OPTA (Figura n.º 40 40), e pode ser encontrada em 3 variantes. [19]:

- Opta LITE: com conetividade Ethernet ou ModBus TCP/IP e porta de programação USB (tipo C).
- Opta PLUS: com conetividade Ethernet ou ModBus TCP/IP e porta de programação USB e acrescenta interface de conetividade RS485.
- Optar por ADVANCED: a opção mais inovadora e completa, equipada com Wi-Fi e Bluetooth.

As três variantes possuem uma fonte de alimentação de 12-24 VDC, 8 entradas digitais e analógicas (0-10 V), bem como 4 saídas de relé com contacto NA de 10 A. Cada uma delas pode ser obtida no sítio Web oficial da Arduino Store. [20] a um preço de U$S146.40, U$D160.80 e U$D193.20 respetivamente, nos Estados Unidos ou na Europa.

Tem a grande vantagem de ser programável tanto com linguagens tradicionais licenciadas (Ladder, FBD e outras) como com linguagens livres e de código aberto (IDE/ARDUINO).

Figura n.º 40 40Localizador de PLR OPTA

1.4.9.2.2 Escudos industriais

Um pouco mais potentes, podemos encontrar os controladores industriais baseados em hardware de código aberto da Industrial Shields. [21]. Esta empresa desenvolveu PLCs baseados em três opções diferentes de Hardware Open Source:

Arduino PLC:

Na Figura n.º 41 41 mostra um dos modelos oferecidos pela Industrial Shields, que utiliza placas Arduino originais como microcontrolador. Como caraterísticas gerais, dispõem de até 58 entradas e saídas, que podem ser analógicas, digitais ou de relé, manejam múltiplos protocolos de comunicação, como o padrão industrial, Ethernet, RS232, RS485, LoRa, Narrowband, WiFi, e muito mais.

Oferecem a possibilidade de expansão com 127 módulos através do sistema I2C, o que significa que até 7100 E/S podem ser controladas em modo mestre-escravo, mais módulos de sensores adicionais.

Figura n.º 41 41Arduino PLC a partir de shields industriais

Raspberry Pi PLC:

As placas de código aberto Raspberry Pi são controladores que executam um sistema operativo (Linux ou Raspberry Pi OS). A implementação desta tecnologia num PLC aumenta as capacidades de processamento do sistema, permitindo-lhe trabalhar em tempo real e com multiprocessos, entre outros.

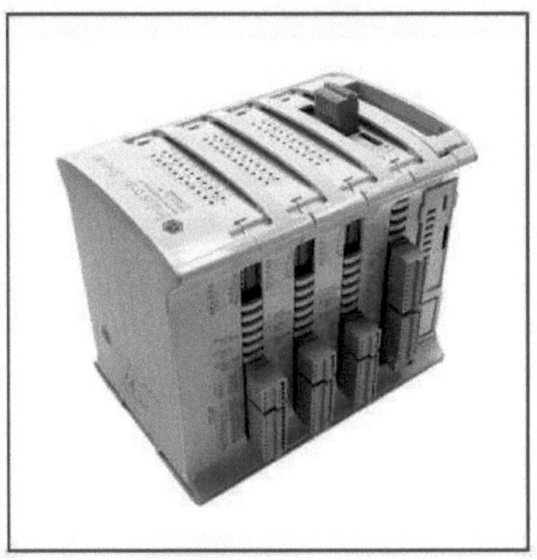

Figura n.º 42 42Raspberry Pi PLC por Escudos Industriais

A principal vantagem de utilizar o Raspberry Pi PLC é o facto de ser compatível com qualquer Ambiente de Desenvolvimento Integrado (IDE) que funcione com as linguagens de programação suportadas. Isto pode ser conseguido quer acedendo a um IDE instalado no PLC, quer utilizando um IDE instalado num computador, e depois transferindo os ficheiros. Embora se possa utilizar uma grande variedade de linguagens de programação, aconselha-se a utilização de Python, C++ e Node-RED, por serem as suas linguagens oficiais.

ESP32 PLC:

O autómato baseado na placa ESP32 representa uma versão muito semelhante ao autómato baseado no Arduino, mas com uma velocidade de processamento superior. Pode ser programado utilizando o IDE Arduino e é especialmente adequado para aplicações com conetividade WiFi ou Bluetooth.

Figura N° 43PLC baseado em ESP32 da Industrial Shields

1.4.9.2.3 **Controllino**

A empresa Controllino [22] é conhecida por fabricar PLCs baseados em Arduino, causando um enorme impacto no mercado da automação. Com mais de 75.000 produtos vendidos em 150 países, esta empresa tem-se destacado desde a sua fundação na Áustria em 2016.

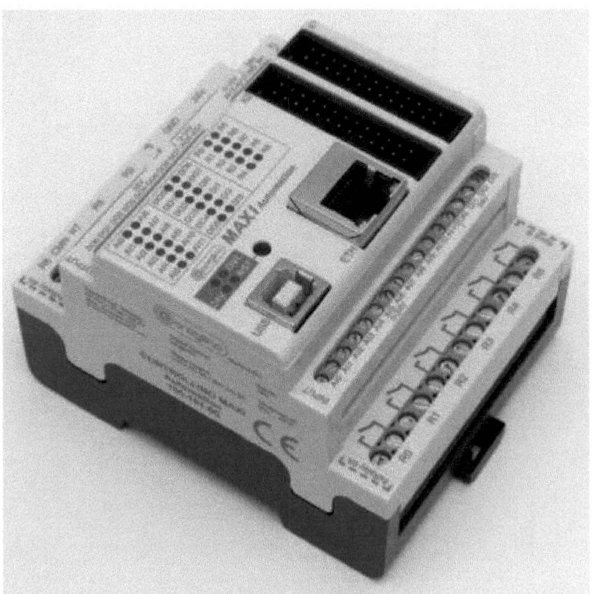

Figura n.º 44 44Controlador PLC

Oferecem vários modelos, com diferentes números de entradas e saídas e portas de comunicação. Uma das caraterísticas importantes dos PLC da Controllino é que os seus produtos cumprem as mais elevadas normas de segurança industrial e eletrónica, tais como a certificação CE, UL e IEC 61131.

1.4.9.3 Projectos independentes de PLC de fonte aberta

Graças à filosofia de código aberto, surgiram muitos projectos independentes de conceção de PLC a partir de plataformas como o Arduino, em que a informação e os avanços são partilhados entre a comunidade, gerando assim um impulso de inovação e crescimento global. De seguida, apresentam-se alguns dos desenhos observados, que constituíram referências sólidas para o projeto em questão.

1.4.9.3.1 PLC baseado em Arduino da "Electroall".

Electroall [23] é um sítio Web que fornece informações, projectos e tutoriais sobre eletrónica, eletricidade e automação industrial. Apresenta também projectos de PCB para controlo industrial e eficiência energética.

Na Figura N° 45 pode ver-se o desenho do seu PLC na sua última versão V3. Tem as seguintes caraterísticas:

Quadro n.º 4 4. Especificações do PLC "Electroall

Especificação	Valor
Tensão de alimentação	24VDC
Corrente de alimentação	65mA
Entradas digitais	12-24VDC (8)
Ambiente de programação	IDE Arduino
Condições ambientais mínimas	-10°C
Condições ambientais máximas	55°C
Saídas RLY	8
Tensão de saída AC	250V
Corrente AC	5A
Tensão de saída DC	30V
Corrente contínua	5A
Dimensões	100x100mm
Encastrado	Sim

Figura N° 45PLC com Arduino da Electroall

Toda a documentação necessária para a reprodução gratuita pode ser consultada no sítio Web:

- Esquema eletrónico
- Cartão pronto a imprimir (JLCPCB)
- Materiais e custos
- Conceção completa em Proteus 8.6

1.4.9.3.2 PLC baseado em Arduino por "El profe Zurco".

O sítio Web de "El profe Zurco" [24]. [24] é um blogue com uma grande variedade de projectos de eletrónica e automação. Muitos deles são projectos de conceção de PLC baseados em tecnologia de código aberto. Em cada um deles, é apresentada toda a documentação necessária para a sua reprodução, juntamente com vídeos informativos e tutoriais que facilitam a compreensão, tanto para a sua utilização como para o seu fabrico.

Figura n.º 46 46Autómato de "El profe Zurco".

Na Figura n.º 46 46 mostra um dos seus últimos desenvolvimentos de PLC baseados em Arduino (Atmega128A).

1.4.9.4 Software de fonte aberta

Muitas das opções no mercado de dispositivos de hardware aberto já foram discutidas. Vamos agora mostrar as diferentes opções de software de código aberto que podem ser encontradas para a programação de PLCs e para a gestão de dispositivos ligados através da Internet.

1.4.9.4.1 IDE Arduino

O software Arduino (IDE), desenvolvido pela Arduino, é um software de código aberto utilizado para programar placas Arduino e muitas outras (NodeMCU,

Wemos, Adafruit, Blue Pill, etc.). É o ambiente onde o código informático é escrito e depois carregado na placa física. É composto por numerosas bibliotecas e um conjunto de projectos de exemplo simples. É compatível com diferentes sistemas operativos (Windows, Linux, Mac OS X) e suporta as linguagens de programação (C/C++). É fácil de utilizar, tanto para principiantes como para utilizadores avançados.

A aplicação pode ser descarregada gratuitamente [25] ou programar diretamente na aplicação em linha (Figura n.º 47 47). Recentemente, foi adicionado o ambiente Arduino Cloud (Figura n.º 48 48), que fornece funcionalidades para a realização de projectos IoT.

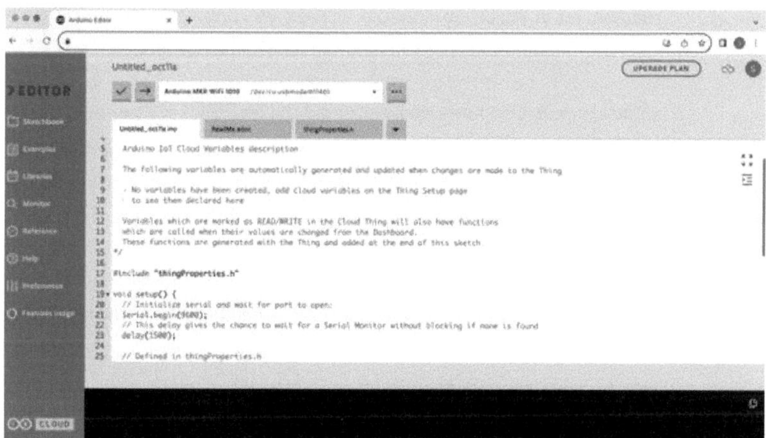

Figura n.º 47 47Arduino IDE Online

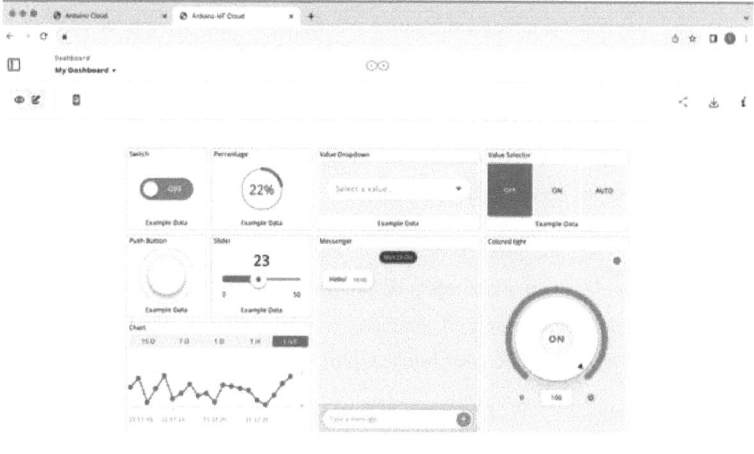

Figura n.º 48 48Painel de controlo da nuvem Arduino

1.4.9.4.2 Codesys

O Codesys é um ambiente de desenvolvimento para a programação de controladores de acordo com a norma industrial internacional IEC 61131-31. Uma das suas principais particularidades é o facto de não estar ligado a nenhum hardware específico, o que permite programar muitos controladores. Permite a programação em 5 linguagens diferentes:

1. Linguagem de Diagrama Ladder (LD): Esta é uma das linguagens de programação mais comuns utilizadas na programação de PLC. Permite representar a lógica de controlo através de uma série de contactos e bobinas, à semelhança dos diagramas de circuitos eléctricos.

2. Linguagem de Diagrama de Blocos de Função (FBD): Esta linguagem de programação utiliza blocos de funções para representar a lógica de controlo. É especialmente útil para representar algoritmos complexos e lógica booleana de uma forma visual.

3. Texto estruturado (ST): Linguagem de programação baseada em texto semelhante a outras linguagens de programação de alto nível, como C ou Pascal. Permite a escrita de algoritmos complexos utilizando estruturas de controlo como loops, condicionais e funções.

4. Linguagem de Lista de Instruções (IL): Trata-se de uma linguagem de programação de baixo nível que utiliza uma série de instruções para representar a lógica de controlo. É útil para programadores experientes que necessitam de um controlo preciso do comportamento do PLC.

5. Fluxograma Sequencial (SFC): Esta linguagem de programação permite representar a sequência de estados e transições de um processo de controlo sob a forma de um fluxograma. É útil para a modelação de sistemas baseados no estado.

Além disso, inclui um simulador e uma IHM (Interface Homem-Máquina) integrada, o que facilita muito a tarefa de programação e validação de projectos. O ambiente de desenvolvimento é gratuito, mas os drivers para determinados dispositivos de hardware não são gratuitos. [26].

1.4.9.4.3 OpenPLC

O OpenPLC é um projeto de código aberto que fornece um ambiente de programação para programar PLCs utilizando hardware de código aberto como o Arduino, Raspberry Pi e outros dispositivos compatíveis. O software OpenPLC pode ser descarregado, utilizado e modificado livremente e sem custos. [27].

Está em conformidade com a norma IEC 61131-3, permitindo 5 linguagens de programação diferentes. Isto significa que dispositivos como o Arduino e o Raspberry podem ser programados da mesma forma que os PLCs convencionais.

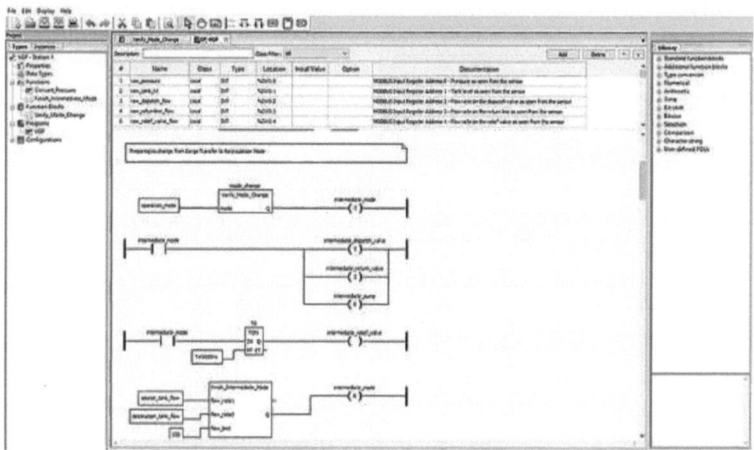

Figura n.º 49 49Editor OpenPLC

1.4.9.4.4 Nó-vermelho

O Node-RED é uma ferramenta de desenvolvimento baseada em fluxos, concebida para facilitar a integração e a ligação de dispositivos de hardware, API e serviços online de uma forma simples. Funciona através da apresentação visual de relações e funções, tornando possível programar sem escrever. É um painel de fluxos que pode incorporar nós que comunicam entre si e pode ser instalado em computadores como o Windows, Linux ou servidores na nuvem.

Tornou-se a norma de código aberto para o tratamento de dados em tempo real. Conseguiu simplificar ao máximo os processos entre quem produz a informação e quem a consome, de modo a facilitar a programação do lado do servidor, recorrendo à programação visual.

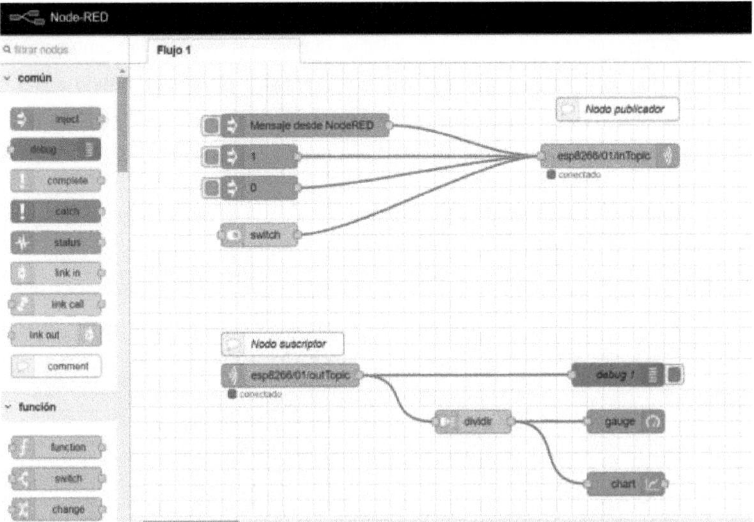

Figura n.º 50 50Ambiente de desenvolvimento Node-RED

CAPITULO 2: ANÁLISE E DESENVOLVIMENTO

O desenvolvimento deste projeto envolveu um processo de conceção iterativo entre as diferentes fases do projeto antes de se chegar a um resultado final satisfatório.

Em primeiro lugar, foi analisado o sistema de tratamento de águas (1.4.7 Contexto de aplicação: Estação de tratamento de águas) e foram definidas as necessidades de automatização.

A partir daí, foram escolhidas as caraterísticas e funcionalidades do PLC, tendo como referência os produtos e sistemas já existentes no mercado.

Uma vez definida a estrutura geral do nosso PLC, prosseguimos com a conceção dos circuitos electrónicos e a seleção dos componentes necessários.

2.1 Arquitetura do sistema

2.1.1 Definição de requisitos

Para responder às necessidades de controlo do sistema de tratamento de águas, foram definidas as seguintes caraterísticas para o autómato

Quadro n.º 5 5. Caraterísticas do autómato

Categoría	Especificación
Alimentación	7 V a 40 V (DC)
Entradas	8 entradas digitales 12 V a 24 V (DC)
Salidas	8 salidas a relé 220V – 10 A
Comunicación	Protocolo I2C
Interacción con el usuario	Pantalla LCD para visualización de datos y alarmas
Características adicionales	Sistema de Reloj RTC14 para la gestión y control de la hora y fecha

2.1.2 Estrutura geral do autómato

Os diferentes elementos que fazem parte do autómato, e a ligação entre eles, são apresentados na figura 51. Figura n.º 51 51.

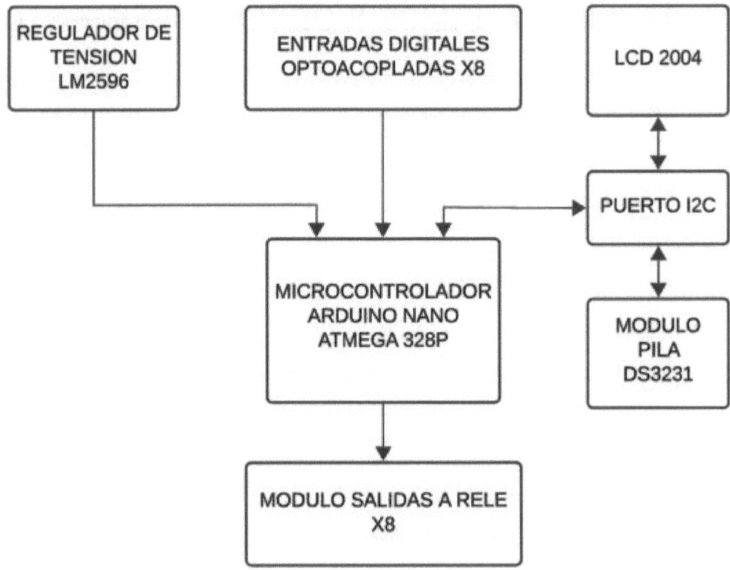

Figura n.º 51 51Estrutura geral do autómato

2.2 Seleção de componentes

Para obter as caraterísticas e funcionalidades necessárias ao nosso sistema, foram selecionados os seguintes componentes, correspondentes a cada um dos elementos que fazem parte da arquitetura do sistema.

2.2.1 Microcontrolador

A seleção mais importante é a do microcontrolador, pois é ele que gere todos os outros elementos. São as suas capacidades que determinam ou limitam as funcionalidades do nosso PLC.

Para esta tarefa, o módulo de desenvolvimento Arduino Nano (Figura n.º 52 52), uma vez que possui um número suficiente de entradas e saídas para os requisitos do sistema, e pode ser programado através do software gratuito e de código aberto Arduino IDE (página 68).

Outro ponto importante que levou à sua seleção foi o seu baixo custo e disponibilidade no mercado local.

Figura n.º 52 52Arduino Nano

Quadro n.º 6 6Especificações técnicas do Arduino Nano

Categoria	Especificação
Microcontrolador	ATmega328P
Tensão de funcionamento	5 V
Tensão de entrada recomendada	7-12 V
Memória flash	32 KB (2 KB utilizados por carregador de arranque)
SRAM	2 KB
Velocidade do relógio	16 MHz
Pinos de E/S analógicos	8
EEPROM	1 KB
Corrente DC por pino de E/S	40 mA
Pinos de E/S digitais	22
Saída PWM	6
Consumo de energia	19 mA
Tamanho da placa de circuito impresso	18 x 45 mm
Peso	7 g
Porta de comunicação	mini USB tipo B

2.2.1.1 Especificações técnicas do Arduino Nano

Na Figura N° 53mostra as ligações disponíveis no Arduino Nano.

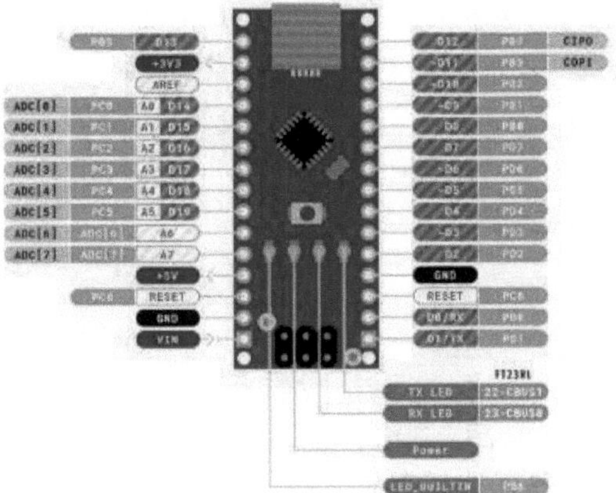

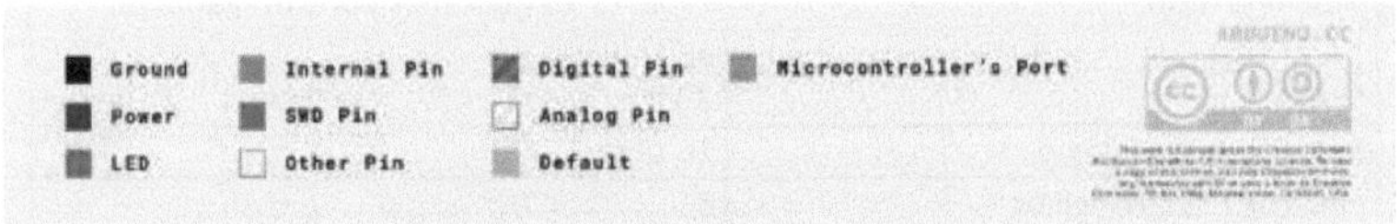

Figura N° 53Pinagem do Arduino Nano

2.2.2 Regulador de tensão LM2596

O regulador de tensão apresentado na página 44foi selecionado devido à sua precisão e ao seu custo e tamanho reduzidos. A adição deste regulador ao circuito do PLC permite-lhe trabalhar com uma gama de tensões mais ampla, de modo a poder funcionar com as tensões mais comuns encontradas nos controlos industriais (12/24VDC).

2.2.3 Módulo de saída de relé

O módulo de saída de relé foi selecionado (ver página 49). 41) foi selecionado. Embora o sistema necessite apenas de 4 saídas para os actuadores, é uma boa prática de conceção considerar saídas e entradas adicionais para uma futura expansão da automação.

2.2.3.1 Especificações técnicas do módulo de saída a relé de 8 canais

Quadro n.º 7 7. Especificações técnicas do módulo relé de 8 canais

Categoria	Especificação
Tensão de funcionamento	5V DC
Sinal de controlo	TTL (3,3V ou 5V)
Número de relés (canais)	8 CH
Capacidade máxima	10A/250VAC, 10A/30VDC
Corrente máxima	10A (NO), 5A (NC)
Tempo de ação	10 ms (ligado) / 5 ms (desligado)
Para ativar a saída NO	0 Volt

2.2.4 Entradas digitais opto-acopladas

Para isolar eletricamente as entradas do resto do circuito do PLC, foram implementados os circuitos integrados PC817, apresentados na página 53. 45.

O critério de conceção para definir o número de entradas do nosso PLC foi o mesmo que o considerado para as saídas de relé. O nosso sistema necessita apenas de 3 entradas de sensores, mas são deixadas mais entradas em reserva para futuras necessidades.

2.2.5 Ecrã LCD 2004

O ecrã utilizado é o modelo LCD2004 (Figura n.º 54 54), baseado na tecnologia apresentada na página 42. Tem uma capacidade de visualização de 20 caracteres em 4 linhas. É uma das opções mais económicas disponíveis para a visualização de dados num ecrã.

Figura n.º 54 54Ecrã LCD2004

2.2.5.1 Especificações técnicas do LCD 2004

Quadro n.º 8 8. Especificações técnicas do LCD 2004

Categoria	Especificação
Dimensões do módulo	98 mm x 60 mm
Tamanho do carácter	5mm x 8mm
Número de caracteres por linha	20 caracteres por linha
Número de linhas	4 linhas
Tipo de ecrã	Caracteres alfanuméricos LCD
Tensão de funcionamento	5V
Interface de ligação	Interface série I2C
Luz de fundo	LED
Contraste	Ajustável

2.2.6 Módulo de relógio DS3231

O DS3231 é um relógio em tempo real (RTC) extremamente preciso e de baixo custo com comunicação I2C, com um oscilador de cristal com compensação de temperatura integrado.

O dispositivo incorpora uma entrada de bateria, para quando é necessário desligar a fonte de alimentação principal e continuar a manter uma cronometragem precisa no PLC. Mantém informação sobre segundos, minutos, horas, dia, data, mês e ano. Desta forma, o PLC está preparado para executar instruções que dependem de uma determinada data ou hora.

O relógio funciona com ecrã de 24 horas ou formato de banda/AM/PM de 12 horas. Fornece dois alarmes configuráveis e um calendário que pode ser configurado numa saída de onda quadrada. O endereço e os dados são transferidos em série através de um bus I2C bidirecional.

Um circuito comparador e de referência de tensão com compensação de temperatura de precisão monitoriza o estado de VCC para detetar falhas de energia, fornecer uma saída de reposição e, se necessário, comutar automaticamente para a fonte de alimentação de reserva.

Figura n.º 55 55Módulo de bateria DS3231

2.2.6.1 Especificações técnicas do módulo DS3231

Quadro n.º 9 9. Especificações técnicas do módulo DS3231

Categoria	Especificação
Tensão de funcionamento	3,3V - 5V
RTC de alta precisão	DS3231 com oscilador interno
Precisão do relógio	2ppm
Endereço I2C do DS3132	Read(11010001), Write(11010000)
Memória EEPROM	AT24C32 (4K * 8bit = 32Kbit = 4KByte)
Comunicação	I2C
Saída de onda quadrada	Programável
Duração da bateria	Pode manter a RTC a funcionar durante 10 anos
Compatibilidade em cascata	Pode ser utilizado em cascata com outro dispositivo I2C, o endereço do AT24C32 pode ser alterado (a predefinição é 0x57).

2.3 Conceção dos circuitos

Para a conceção dos circuitos electrónicos do PLC e a disposição dos componentes na placa de circuito impresso, foi utilizado o software de conceção de circuitos EasyEDA. [28], que pode ser acedido gratuitamente e utilizado online sem necessidade de instalar qualquer software adicional.

Tem a vantagem de dispor de uma biblioteca muito completa com os diferentes componentes electrónicos e módulos que se podem obter no mercado, o que reduz consideravelmente o tempo de desenho. Além disso, sendo online, representa um serviço de nuvem em que os ficheiros estão protegidos e acessíveis a partir de qualquer dispositivo.

Na Figura n.º 56 56 y Figura n.º 57 57são apresentados os dois ambientes de desenvolvimento oferecidos pelo software. Por um lado, existe o ambiente de conceção de circuitos, onde os componentes podem ser inseridos a partir da biblioteca e as interligações podem ser efectuadas.

Uma vez definido o circuito, pode ser utilizada a função "Convert schematic to PCB", que nos leva ao ambiente de desenvolvimento da PCB. Nele, encontram-se os traços dos componentes electrónicos selecionados e as linhas de guia de interligação, que mostram as ligações existentes entre os componentes. A partir daí, é efectuado o desenho da localização e do encaminhamento da placa de circuito impresso, utilizando as diferentes ferramentas e configurações.

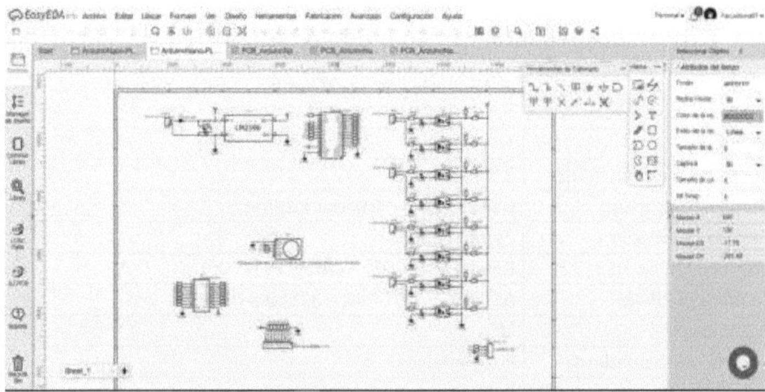

Figura n.º 56 56Ambiente de desenvolvimento de circuitos EasyEDA

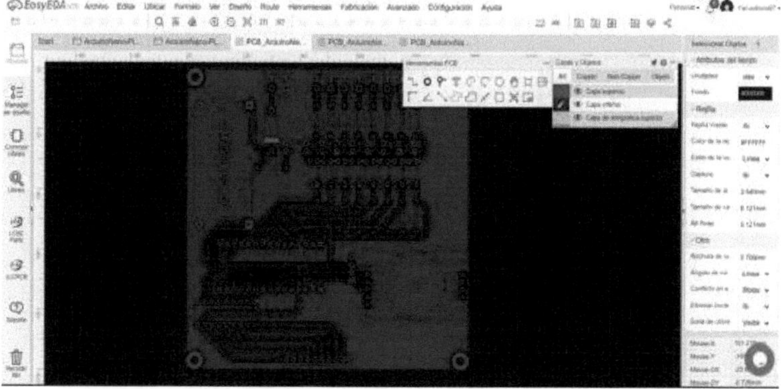

Figura n.º 57 57Ambiente de desenvolvimento de PCB EasyEDA

2.3.1 Esquema do Arduino Nano

Com base no diagrama de pinagem do Arduino nano (Figura N° 53), foram identificadas as portas a serem utilizadas e a conexão foi feita através das portas de rede, que são sinalizadores que fazem a interligação entre as portas com o mesmo nome. Isto facilita a conceção e a leitura do circuito eletrónico.

A seleção das portas correspondentes a cada entrada e saída foi definida no âmbito de um processo de conceção iterativo, em que as direcções das ligações tiveram de ser alteradas várias vezes, em busca da conceção mais optimizada para o encaminhamento das ligações na placa de circuito impresso.

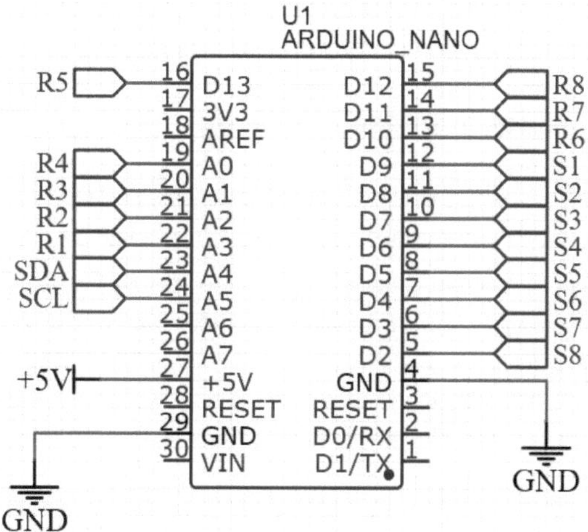

Figura n.º 58 58Diagrama esquemático Arduino Nano

Na Figura n.º 58 58podemos identificar as seguintes ligações:

Quadro n.º 10 10. Lista das ligações de entrada

Pin Arduino	Puerto de red	Entrada
D9	S1	I1
D8	S2	I2
D7	S3	I3
D6	S4	I4
D5	S5	I5
D4	S6	I6
D3	S7	I7
D2	S8	I8

Quadro nº 11. Lista das ligações de saída

Pin Arduino	Puerto de red	Salida
A3	R1	Q1
A2	R2	Q2
A1	R3	Q3
A0	R4	Q4
D13	R5	Q5
D10	R6	Q6
D11	R7	Q7
D12	R8	Q8

Todas as ligações dos pinos de sinal no nosso Arduino Nano, tanto para as saídas como para as entradas, são digitais. Na Figura n.º 58 58podemos ver que foram utilizados pinos analógicos. Isto é possível porque os pinos analógicos do Arduino Nano podem ser configurados para serem utilizados como pinos digitais, com exceção dos pinos A6 e A7, que são exclusivamente analógicos.

2.3.2 Esquema das entradas opto-acopladas

O circuito de entrada opto-acoplado é um passo crucial para permitir que o PLC trabalhe com uma gama mais vasta de tensões de sinal, de 24V a 5V, sendo 24V e 12V as mais comuns no domínio da automação industrial. Também mantém o microcontrolador protegido de qualquer sobretensão que possa ser gerada em qualquer um dos pinos de entrada.

Na Figura n.º 59 59 apresenta-se o esquema do circuito correspondente às entradas digitais.

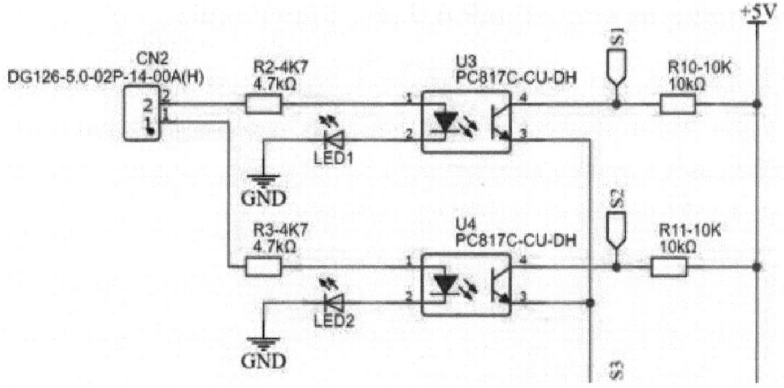

Figura n.º 59 59Diagrama esquemático das entradas opto-acopladas

Pode ser identificada no circuito uma resistência de entrada de 4,7 Kohm, que regula a corrente de entrada no pino 1 do acoplador ótico. Na saída do pino 2, está ligado um LED que indica quando um sinal de entrada está ativo. Do outro lado do acoplador ótico, nos pinos 3 e 4, encontra-se uma configuração pull-up para comutar o sinal para o microcontrolador, funcionando com uma tensão de 5V.

2.3.3 Diagrama esquemático do módulo regulador de tensão

Na Figura n.º 60 60 mostra as ligações do módulo LM2596, que foi regulado pelo seu potenciómetro integrado para fornecer uma saída de 5V.

Foi instalado um díodo retificador para proteger o circuito no caso de os terminais positivo e negativo serem ligados ao contrário. Ao mesmo tempo, foi adicionada em paralelo à entrada uma resistência em série com um LED para indicar quando o circuito está a ser corretamente alimentado.

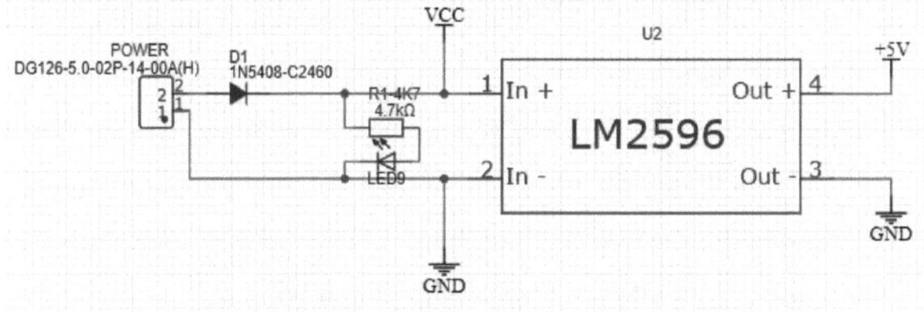

Figura n.º 60 60Diagrama esquemático do módulo regulador de tensão

2.3.4 Diagrama esquemático das saídas de relé

A Figura n.º 61 61 mostra a ligação aos pinos do módulo de saída de relé de 8 canais. Podemos ver que os pinos de entrada, provenientes do Arduino Nano (R1 a R8), para a unidade integrada ULN2803, garantem uma corrente suficiente para ativar todos os relés em simultâneo, se necessário.

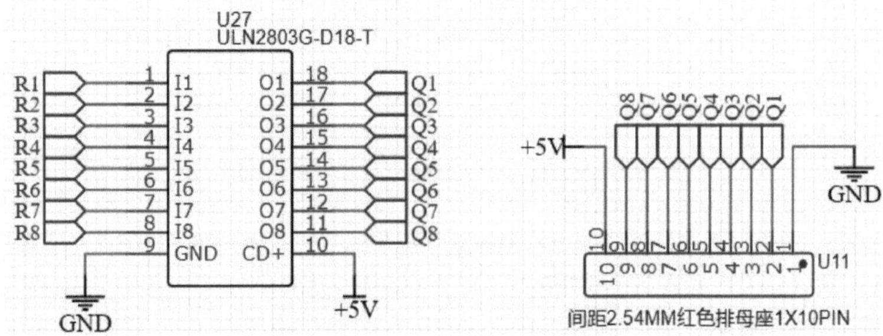

Figura n.º 61 61Ligação do módulo de relé

2.3.5 Porta I2C

As ligações necessárias para a comunicação através do protocolo I2C são apresentadas na Figura 62. Figura n.º 62 62. Os sinais SDA (Serial Data) e SCL (Serial Clock) do Arduino nano foram levados para uma placa de terminais acessível aos dispositivos a comunicar. Além disso, foram adicionados dois terminais com 5V e GND, para que a mesma tensão de referência seja partilhada na comunicação.

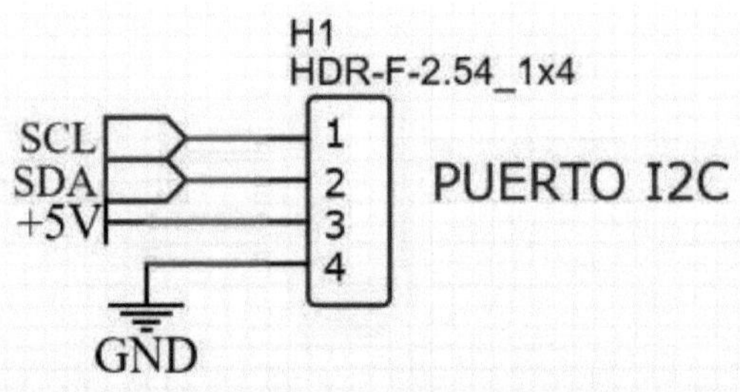

Figura n.º 62 62Ligações da porta I2C

2.3.6 Conceção de PCB

Uma vez pronto o esquema do circuito, com o seu encaminhamento e componentes electrónicos, procedeu-se à criação do desenho do circuito impresso. Foi selecionado um tamanho de placa de 100x100mm, que se adapta bem ao tamanho do circuito e as placas de cobre virgem com estas dimensões estão facilmente disponíveis no mercado.

Na Figura N° 63a camada inferior é azul, o que corresponde à área de cobre, e a camada superior é amarela, o que corresponde aos componentes impressos no ecrã. Além disso, foram acrescentadas algumas ligações a vermelho, que são pontes colocadas na camada superior.

O principal critério de conceção foi colocar os terminais de ligação na extremidade superior da placa e o conetor USB da placa Arduino Nano na extremidade lateral, de modo a poder ser facilmente acedido para programação. Em seguida, os componentes foram distribuídos de forma a otimizar o mais possível a utilização da área da placa.

Foi adicionada uma área de cobre na placa, que cobre todos os espaços vazios, e está associada à rede GND. Isto é útil para captar o ruído eletromagnético, que pode causar sinais falsos no nosso circuito.

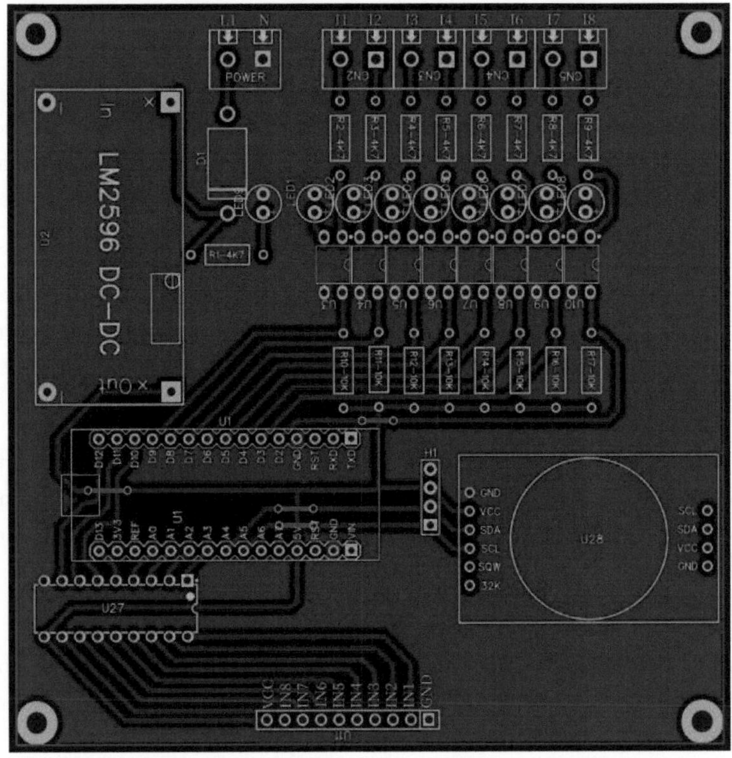

Figura N° 63Disposição da placa de circuito impresso

O software online EasyEDA oferece um ambiente 3D onde é gerado automaticamente um modelo 3D da placa de circuito impresso em projeto (Figura N° 64 y Figura N° 65 65). Esta funcionalidade é muito útil para analisar as posições dos componentes electrónicos e para identificar eventuais interferências ou erros de conceção.

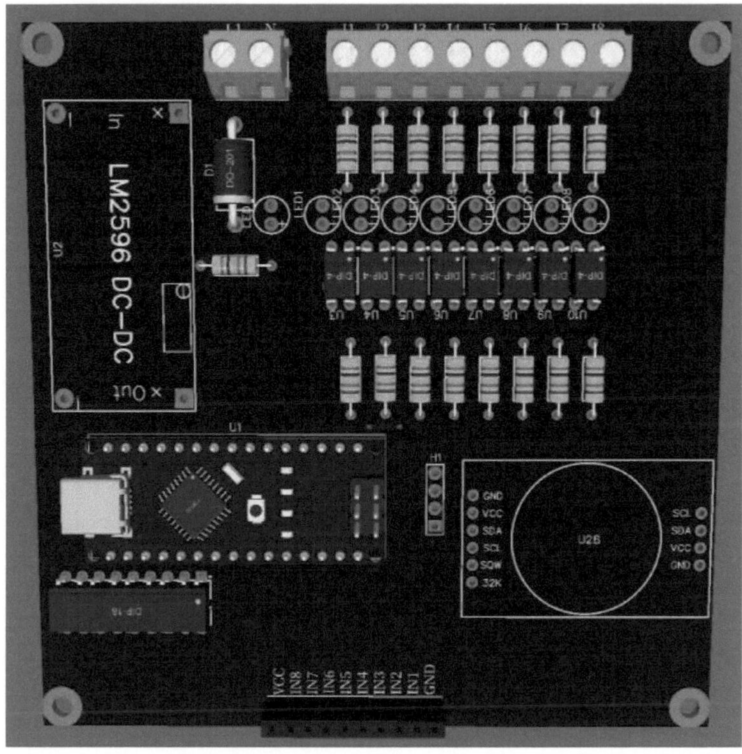

Figura N° 64Vista superior 3D da placa de circuito impresso

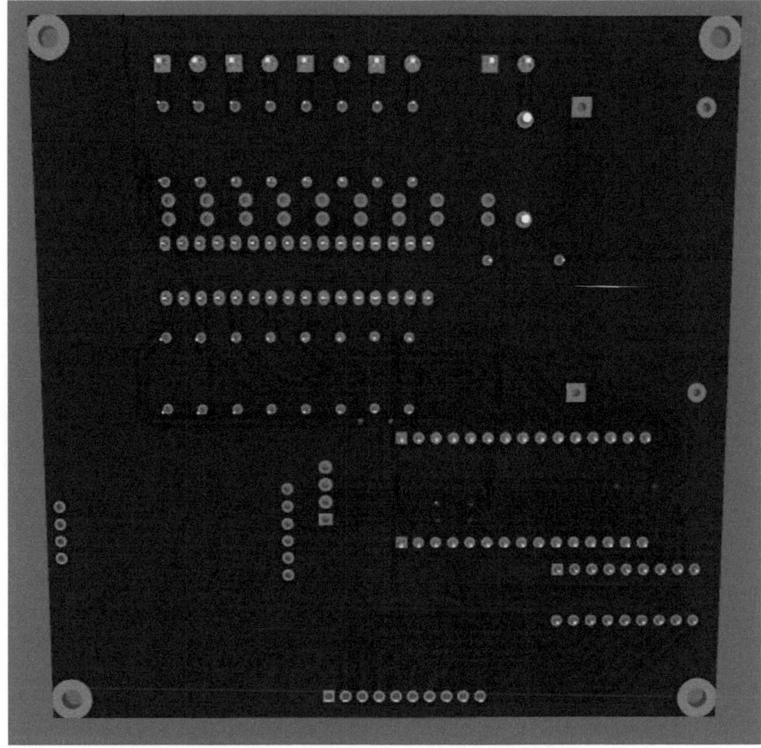

Figura N° 65 65Vista inferior 3D da placa de circuito impresso

2.3.6.1 Parâmetros de encaminhamento

As regras de encaminhamento foram selecionadas com um tamanho ligeiramente superior ao que normalmente se encontra em circuitos destas potências, para garantir um bom resultado durante o processo de fabrico da placa por gravação química.

As regras utilizadas são descritas em seguida:

- Largura de passagem: 0,7 mm
- Distância de separação: 0,3 mm
- Diâmetro da via: 1,2 mm
- Diâmetro do furo: 0,8 mm

2.4 Fabrico de placas electrónicas

2.4.1 Fabrico de placas de circuito impresso

Uma vez definido o projeto do circuito da placa de circuito impresso, este foi fabricado utilizando o método de corrosão química. A secção seguinte descreve as etapas realizadas e os resultados obtidos ao longo do processo.

2.4.1.1 Materiais

- Placa de circuito impresso em branco de uma face 100x100mm Pertinax fenólico
- Ácido perclórico férrico
- Papel fotográfico
- Marcador de tinta indelével
- Álcool
- Virulana fina

2.4.1.2 Etapa 1: Gravação por termo-transferência

A principal chave para um bom resultado no fabrico de PCB é garantir uma transferência térmica correta. Nesta etapa, as camadas superior e inferior são impressas numa folha com uma impressora a laser, uma vez que a tinta desta impressão adere à folha por transferência térmica, a partir do calor produzido pelo laser. É importante que a folha utilizada seja o mais lisa possível, uma vez que as folhas rugosas retêm muito mais tinta depois de impressas. O ideal é utilizar papel de transferência térmica, que foi concebido para este tipo de trabalho, mas como não estava disponível no local, foi utilizado papel fotográfico, que deu um bom resultado.

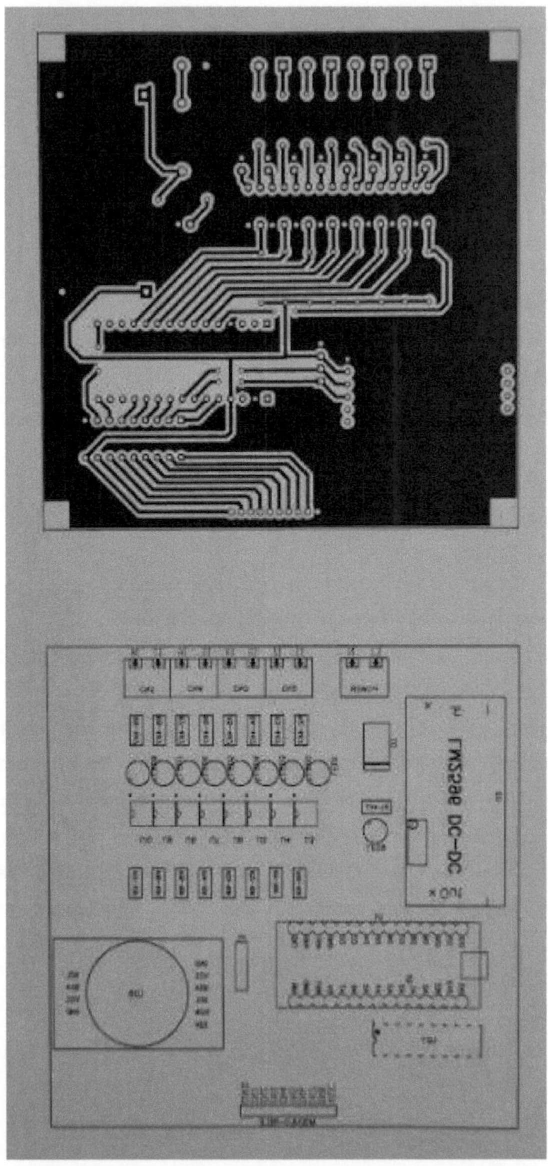

Figura n.º 66 66Impressão de PCB em papel fotográfico

Com a impressão da camada inferior, ao colocar o lado da tinta no lado do cobre da placa em branco, foi gerada a transferência de calor. O calor foi fornecido por pressão constante com um ferro durante 10 minutos.

Em seguida, com a tinta já transferida do papel para o lado do cobre, a placa é imersa em água para desfazer o papel e eliminar todos os vestígios. O resultado é apresentado na Figura n.º 67 67.

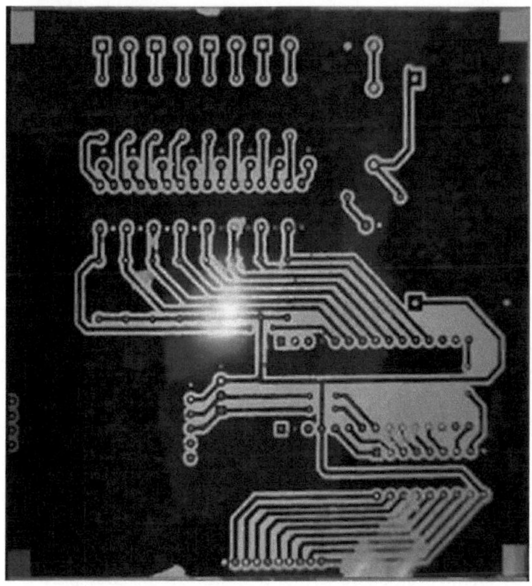

Figura n.º 67 67Transferência do corante para a placa em branco

São visíveis algumas zonas onde a transferência de tinta não foi completa. Para corrigir estes pormenores, foi utilizado um marcador preto indelével.

2.4.1.3 Segunda etapa: Imersão em ácido

Com o desenho da placa de circuito impresso já transferido, a placa de cobre é imersa em percloreto férrico. Este ácido ataca o cobre que entra em contacto com ele, dissolvendo-o. Assim, toda a área não pintada será limpa, deixando apenas o cobre que está protegido pela tinta.

Este processo requer cerca de 10 minutos de exposição ao ácido. Mover a placa continuamente acelera o processo e o pré-aquecimento do ácido a cerca de 45 graus permite-lhe ser mais reativo.

Após a ação do ácido, a placa é retirada e lavada com água. Para remover os resíduos de tinta, utiliza-se uma virulana fina e um toalhete com álcool. O resultado final é apresentado na Figura n.º 68 68.

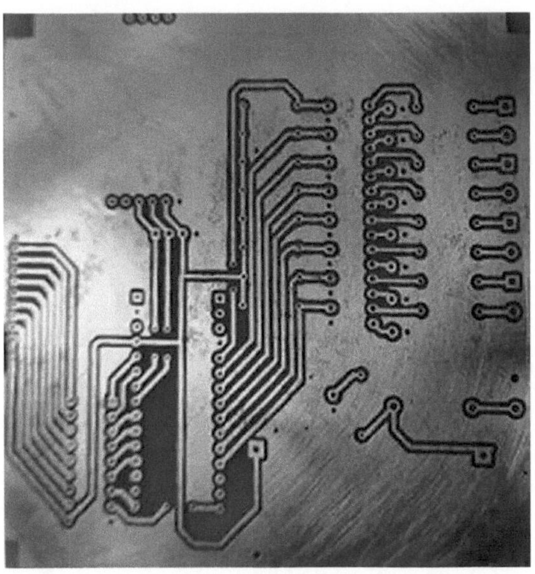

Figura n.º 68 68Placa PCB acabada

2.4.1.4 Terceira etapa: Serigrafia

Com o mesmo método de termotransferência utilizado para a face inferior, a impressão serigráfica é transferida para a face superior da chapa, que é a que não tem cobre.

A serigrafia é de grande importância para conhecer a localização dos componentes electrónicos durante o processo de soldadura e para fornecer informações importantes sobre o circuito.

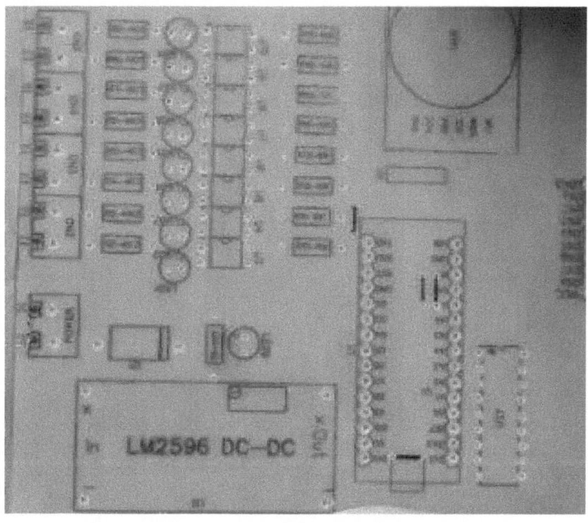

Figura n.º 69 69Impressão serigráfica de PCB

2.4.2 Montagem de componentes electrónicos

Quando a placa de circuito impresso ficou pronta, foi perfurada com uma broca de 0,3 mm. Todos os componentes electrónicos, que são THT (Through-Hole Technology), foram montados na camada superior, utilizando a serigrafia como guia, e soldados no lado do cobre, na camada inferior.

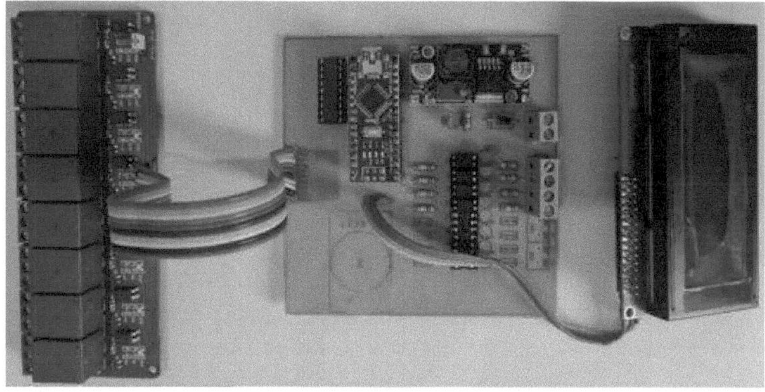

Figura n.º 70 70Placa terminal eletrónica

2.5 Modelação 3D de habitações

Para a conceção da habitação, foi utilizado o software de modelação 3D paramétrico "Inventor" da Autodesk.

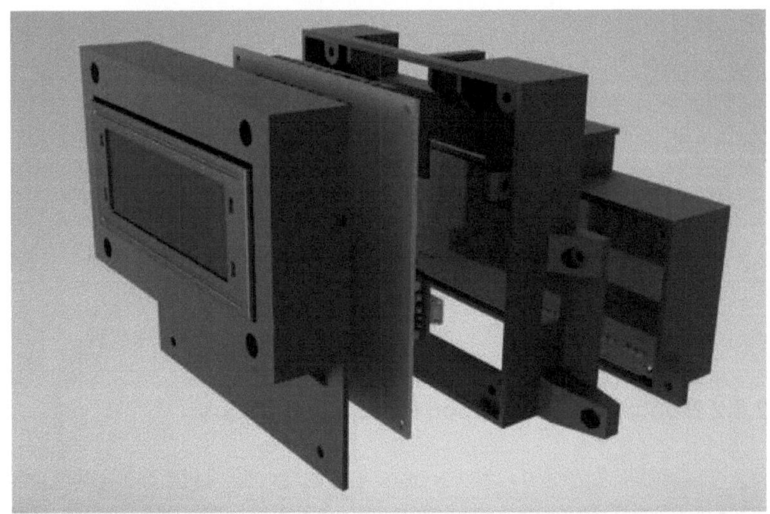

Figura n.º 71 71Modelo 3D do invólucro

O design da caixa é composto por 3 partes, uma das quais aloja o módulo de relé, outra parte central onde se encontra a placa eletrónica e uma parte frontal onde está montado o visor LCD.

Cada uma delas é unida com parafusos e porcas M3 (Figura n.º 72 72).

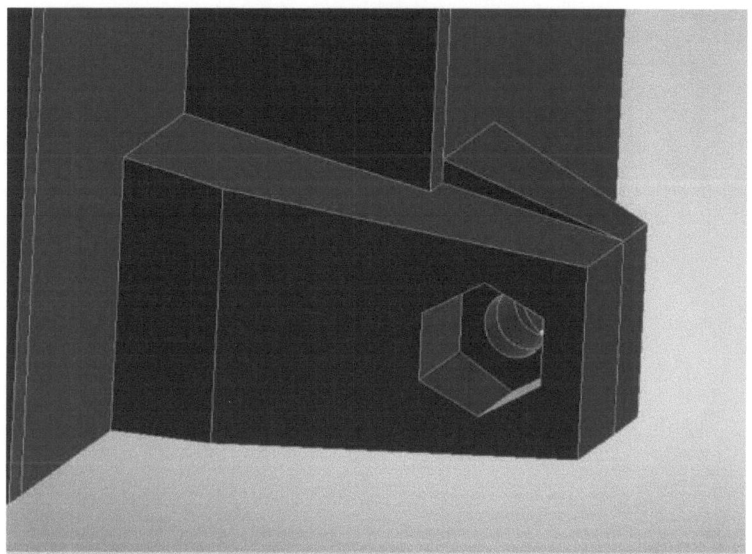

Figura n.º 72 72: Caixa para porca M3

Através da impressão 3D, foi possível materializar as peças com um acabamento aceitável. Este método de fabrico permite flexibilidade na conceção, desde que sejam tidas em conta as dificuldades ou limitações envolvidas.

O filamento PLA foi utilizado como material, que tem um bom equilíbrio entre dureza e flexibilidade, e não apresenta grandes dificuldades durante o processo de impressão. A espessura da parede é de 2 mm e o padrão de enchimento é em favo de mel.

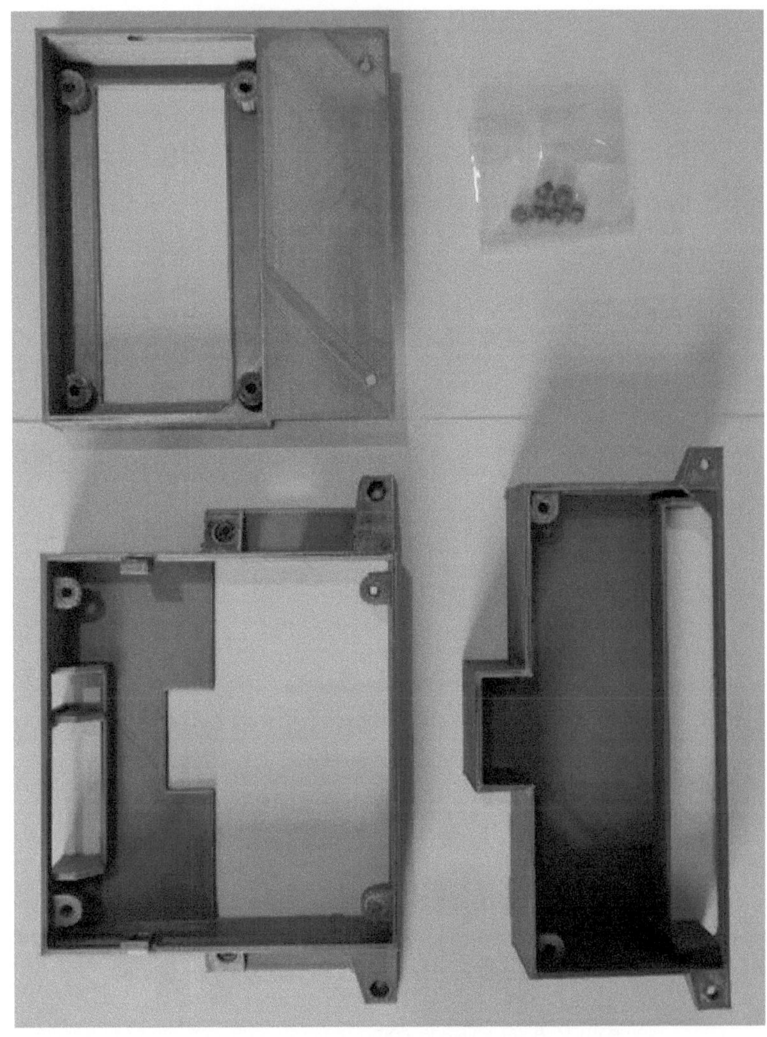

Figura n.º 73 73Peças da caixa do PLC

Figura n.º 74 74Montagem do autómato - Vista frontal

Figura n.º 75 75Montagem do PLC - Vista superior

Figura N° 76Conjunto do PLC - Vista posterior

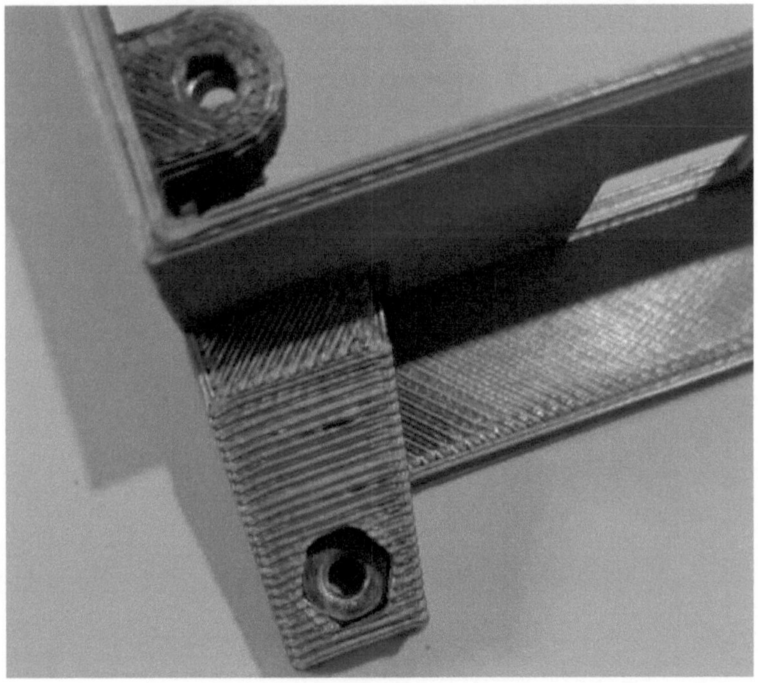

Figura n.º 77 77: Pormenor do encaixe da porca

2.5.1 Lógica de programação

Nesta secção, serão descritos todos os aspectos relacionados com a programação envolvida no projeto.

Antes de passar às linhas de código, foi necessário construir uma máquina de estados para definir com precisão a lógica e o funcionamento do nosso sistema de automatização.

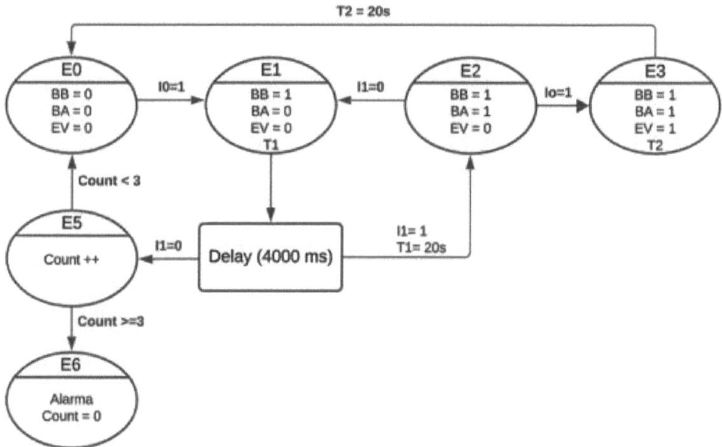

Figura n.º 78 78Máquina de estado do sistema de automatização

A partir deste diagrama (Figura n.º 78 78), foram efectuados progressos na codificação em linguagem C++.

2.5.1.1 Análise de máquinas de estado

E0:

- Descrição: Este é o estado inicial ou de inatividade, no qual todas as saídas estão desactivadas.
- Transições: Quando o flutuador (I0) indica um nível baixo no tanque de reserva, ele transita para o estado E1 para iniciar o processo.

E1:

- Descrição: A bomba de baixa pressão (BB) é ligada, para atingir a pressão de aspiração da bomba de alta pressão (BA). O temporizador T1 é iniciado.
- Transições: Após 4 segundos de espera, é avaliado se o pressóstato (I1) atingiu a pressão correta. Este atraso é necessário para evitar falsas leituras causadas por turbulência no arranque. Se a pressão estiver correta (I1=1), e o tempo T1 = 20 s tiver sido atingido, passa ao estado E3. Se a pressão estiver incorrecta (I1=0), passa ao estado E5 para tentar um novo arranque.

E2:

- Descrição: Este é o estado de "Funcionamento do equipamento", em que a bomba de alta pressão é ligada em conjunto com a bomba de baixa pressão.
- Transições: Se a pressão for baixa (I1=0), regressa ao estado E1. Se o flutuador indicar que o nível do depósito está alto (I0=0), passa ao estado E3.

E3:

- Descrição: Este é o estado de "retrolavagem", no qual a válvula solenoide é aberta e a bomba de alta e baixa pressão é mantida ligada. O temporizador T2 é iniciado.
- Transições: Quando T2= 20 s é atingido, passa ao estado E0 para desligar todas as saídas.

E5:

- Descrição: Este estado mantém o registo das tentativas de arranque falhadas (Count).
- Transições: Se a contagem for < 3, passa para o estado inicial E0. Se a contagem for >=3, passa para o estado E6.

E6:

- Descrição: Este é o estado de alarme. Indica que existe um problema no sistema e que o equipamento não arrancou após 3 tentativas.

- Transições: Não tem quaisquer transições. Este estado requer a intervenção e revisão do sistema. O equipamento deve ser reiniciado para sair do estado de alarme.

2.5.2 Código de programação

Abaixo está o código de programação escrito no Arduino IDE, que foi carregado no microcontrolador Arduino Nano para executar o controlo do equipamento de tratamento de água.

```
#include <Arduino.h>
#include <Wire.h>
#include <LiquidCrystal_I2C.h>

LiquidCrystal_I2C lcd(0x27, 20, 4); // I2C address 0x27, 20 column and 4
rows

// Pines PLC Arduino NANO
// ENTRADAS(Pull up):
#define I0 9
#define I1 8
#define I2 7
#define I3 6
#define I4 5
#define I5 4
#define I6 3
#define I7 2

// Salidas
#define Q0 A7
#define Q1 A6
#define Q2 A3
#define Q3 A2
#define Q4 A1
#define Q5 A0
#define Q6 13
#define Q7 12

const int flotante = I0;  // Flotante de baja de tanque de agua tratada --
0v: tanque lleno. 24v: pide agua
const int presostato = I1;
const int rele1 = Q7;               // Bomba Baja
const int rele2 = Q6;               // Bomba Alta
const int rele3 = Q5;               // Electrovalvula
const int rele4 = Q4;               // Alarma1

unsigned long T1 = 0;
```

```
unsigned long T2 = 0;
unsigned long T3 = 0;
unsigned long periodo2 = 20000;  //Periodo de retrolavado
int count = 0;                   //Contador de intentos de arranque fallidos
int Estado = 0;
int Sig_Estado = 0;
int screen = 0;                  //Variable que maneja las diferentes
pantallas(textos) a mostrar

void setup() {
  lcd.init(); // initialize the lcd
  lcd.backlight();
  pinMode(flotante, INPUT);
  pinMode(presostato, INPUT);

  //Inicio el programa con todo apagado
  digitalWrite(rele1, LOW);  // Apaga Bomba Baja
  digitalWrite(rele2, LOW);  // Apaga Bomba Alta
  digitalWrite(rele3, LOW);  // Cierra Electrovalvula
  digitalWrite(rele4, LOW);  // Apaga Alarma1: Intento fallido de arranque

  pinMode(rele1, OUTPUT);
  pinMode(rele2, OUTPUT);
  pinMode(rele3, OUTPUT);
  pinMode(rele4, OUTPUT);

}

void loop() {



  switch (Estado) {
    case 0: // Estado inicial
      digitalWrite(rele1, LOW);  // Apaga BB
      digitalWrite(rele2, LOW);  // Apaga BA
      digitalWrite(rele3, LOW);  // Cierra Electrovalvula
      digitalWrite(rele4, LOW);  // Apaga Alarma1: Intento fallido de
arranque
      if (digitalRead(flotante) == HIGH){
      lcd.setCursor(0, 0);
      lcd.print("EQUIPO APAGADO");
      lcd.setCursor(0, 2);
      lcd.print("->Tanque lleno");
      delay(3000);
```

```
        Sig_Estado = 1;
          T1 = millis(); //Se inicia el temporizador 1
          delay(3000);
          lcd.clear();
        }
        break;

      case 1: // Estado de encendido de la bomba baja
        digitalWrite(rele1, HIGH);
        digitalWrite(rele2, LOW); //Bomba de alta apagada
        lcd.setCursor(0,0);
        lcd.print("ARRANCANDO EQUIPO..");
        delay(4000);  //Delay para evitar falsas lecturas del presostato
        if (digitalRead(presostato) == LOW) {  //Si la presion subio luego del
delay, se continua con el proceso de encendido
          if (millis() > T1 + periodo) {  // ¿por que hay que esperar tanto
tiempo para que la BA arranque?
            Sig_Estado = 2;
            count = 0;
            lcd.clear();
          }
        } else if (digitalRead(presostato) == HIGH) {  //Si el presostato
indica baja presion luego de haber encendido la BB, se apaga BB, se
incrementa el contador y se vuelve al estado 0
          digitalWrite(rele1, LOW);  //Se apaga BB
          count++;
          if (count >= 3) { //Se superaron los 3 intentos fallidos de arranque
            Sig_Estado = 6; // Estado de alarma
            lcd.clear();
          } else if (count < 3) {
            Sig_Estado = 0; // Volver al estado inicial para un nuevo intento
            lcd.clear();
          }
        }
        break;

      case 2: // Estado de encendido de la bomba alta
        digitalWrite(rele2, HIGH);
        lcd.setCursor(0, 0);
        lcd.print("EQUIPO FUNCIONANDO");
        lcd.setCursor(0, 2);
        lcd.print("->Llenando tanque");
        if (digitalRead(presostato) == HIGH) { //Si hay algun problema con la
presion, se regresa al estado 1 para volver a intentar el arranque
          Sig_Estado = 1;
```

```
        }
        if (digitalRead(flotante) == HIGH) { //El flotante me indica detener
el bombeo
          Sig_Estado = 3; // Estado de apagado
          T2 = millis();  //Inicio contador T2
          lcd.clear();
        }
        break;

      case 3: // Estado de apertura de electrovalvula
        digitalWrite(rele3, HIGH); //Abre Electrovalvula
        digitalWrite(rele2, LOW); //Apaga BA
        lcd.setCursor(0, 0);
        lcd.print("AUTOLIMPIANDO..");
        if (millis() > T2 + periodo2) {
          Sig_Estado = 0;
          T3 = millis();
          lcd.clear();
        }
        break;

      case 6: // Estado de alarma
        digitalWrite(rele4, HIGH);
        lcd.setCursor(0, 0);
        lcd.print("ALARMA!");
        lcd.setCursor(0, 2);
        lcd.print("->Arranque fallido");
        // Este estado se mantiene hasta que se reinicie el Arduino
        break;
    }

  Estado = Sig_Estado;
}
```

O protocolo I2C foi utilizado para ligar o PLC ao ecrã LCD, que possui uma biblioteca própria que facilita a sua programação e configuração:

```
#include <LiquidCrystal_I2C.h>

LiquidCrystal_I2C lcd(0x27, 20, 4); // I2C address 0x27, 20 column and 4
rows
```

O ecrã foi configurado com base no tamanho (20 colunas por 4 linhas) e foi-lhe atribuído o endereço 0x27, que está em formato hexadecimal e corresponde ao endereço do ecrã, fornecido pelo fabricante.

Os pinos correspondentes às entradas e saídas foram definidos com base na configuração de hardware escolhida no projeto da placa de circuito impresso:

```
// Pines PLC Arduino NANO
// ENTRADAS(Pull up):
#define I0 9
#define I1 8
#define I2 7
#define I3 6
#define I4 5
#define I5 4
#define I6 3
#define I7 2

// Salidas
#define Q0 A7
#define Q1 A6
#define Q2 A3
#define Q3 A2
#define Q4 A1
#define Q5 A0
#define Q6 13
#define Q7 12
```

2.6 Desenvolvimento de um módulo de comunicação industrial

Uma parte crucial do desenvolvimento desta solução de automação é a capacidade de tratamento dos dados do processo. Para o efeito, foi desenvolvido um módulo de comunicação industrial que permite a ligação do PLC a qualquer outro dispositivo ligado à Internet.

Nesta secção, será descrito o desenvolvimento do módulo, bem como todos os actores envolvidos no sistema de comunicação.

Uma vez que o módulo de comunicação não será implementado em conjunto com o PLC que controla o equipamento de purificação de água, a comunicação com o PLC foi simulada utilizando o microcontrolador Arduino Nano.

2.6.1 Arquitetura do sistema

A Figura n.º 79 79 mostra os componentes envolvidos na comunicação industrial e os protocolos que foram implementados.

O autómato desenvolvido tem uma porta de comunicação I2C disponível nos terminais, pelo que a comunicação entre o microcontrolador Arduino Nano e o módulo de comunicação será feita através deste protocolo, caso se pretenda incorporar a monitorização de dados no futuro. As variáveis monitorizadas neste caso são o caudal de água e a condutividade.

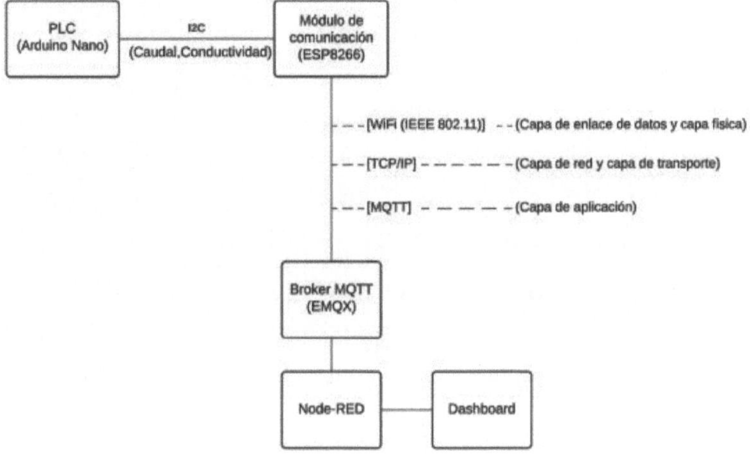

Figura n.º 79 79Arquitetura do sistema de comunicação

Cada um dos elementos e as suas ligações serão discutidos mais adiante.

2.6.1.1 Módulo de comunicação

O módulo de comunicação é responsável pela interface entre o PLC e qualquer outro dispositivo disponível na Internet. Recebe os dados de caudal e de condutividade transmitidos pelo PLC através do protocolo I2C e transmite-os ao broker MQTT utilizando os protocolos seguintes:

- WiFi (IEEE 802.11): Fornece conetividade de rede, neste caso sem fios, entre o dispositivo e o router ou ponto de acesso.
- TCP/IP: Fornece a comunicação de rede fundamental para a comunicação através da Internet e das redes IP.
- MQTT: Fornece mensagens leves e eficientes entre dispositivos e aplicações.

Para gerir esta interligação, foi utilizado o microcontrolador ESP8266, que tem caraterísticas muito semelhantes às do Arduino Nano e que, por sua vez, integra capacidades de ligação WiFi e Bluetooth. Pode ser programado em C++ utilizando o IDE Arduino.

Figura n.º 80 80Microcontrolador ESP8266

2.6.1.2 Corretor MQTT

O corretor actua como intermediário entre os dispositivos que publicam mensagens (ESP8266) e os dispositivos que subscrevem essas mensagens (Node-RED). É responsável pela receção de todas as mensagens, filtrando-as e redireccionando-as para os subscritores interessados.

O corretor pode ser instalado num computador que esteja ligado à mesma rede que os editores e assinantes, ou pode ser utilizado, como neste caso, um corretor na nuvem que pode ser acedido enquanto estiver ligado à Internet, sem necessidade de instalar qualquer software adicional. O utilizado neste projeto é o EMQX. [29]

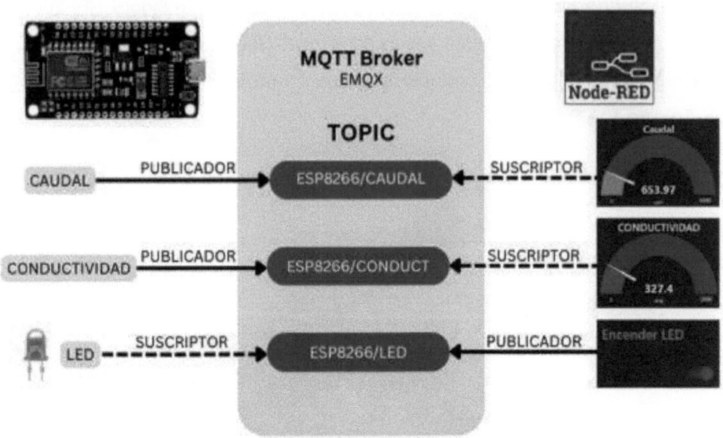

Figura N° 81Esquema de ligação MQTT

A Figura N° 81 mostra como a ligação de informações entre o ESP8266 e o Node-RED é efectuada através do corretor EMQX. Pode ver-se como funciona o método subscriber/publisher, em que cada publisher actualiza o valor de um determinado tópico e, em seguida, cada subscriber recebe o valor do tópico. Não existe uma ligação direta entre o publicador e o assinante, o que permite que os mesmos dados sejam obtidos por diferentes dispositivos e que, ao mesmo tempo, diferentes dispositivos possam publicar no mesmo tópico.

Para visualizar a comunicação bidirecional entre o ESP8266 e o Node-RED, foi adicionado um interrutor que altera o valor entre 1 e 0 do tópico "ESP8266/LED", e o ESP8266 assume esse valor para ligar ou desligar o LED incorporado.

2.6.1.3 Nó-vermelho

O Node-RED é a ferramenta de desenvolvimento utilizada para visualizar os dados do nosso processo num Dashboard. Na Figura N° 82 mostra-se o fluxo desenvolvido para o nosso objetivo, onde podemos destacar os nós correspondentes à ligação MQTT, tanto para o assinante como para o editor, e as funções de visualização de dados. Aqui também incluímos um interrutor para ativar e desativar o LED do ESP8266.

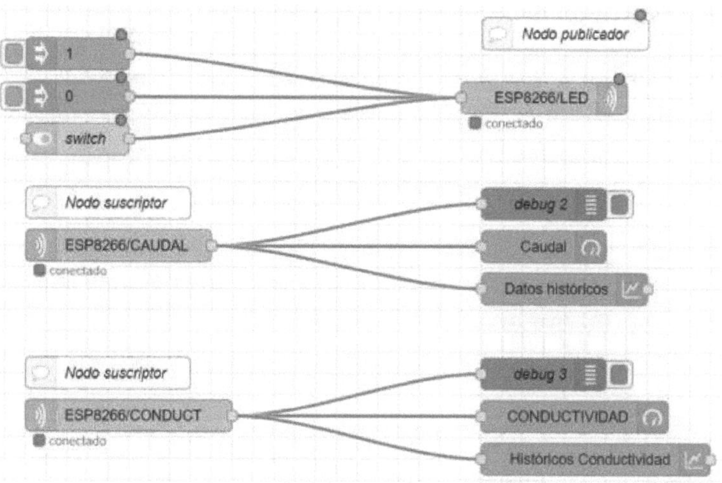

Figura N° 82Fluxo de dados do Nó-RED

2.6.1.4 Painel de controlo

A Figura N° 83 mostra o painel de controlo desenvolvido, onde os dados de caudal e condutividade são visualizados através da implementação de um gráfico do tipo mostrador, que apresenta o valor atual da variável, e um gráfico de linhas onde os dados históricos podem ser revistos e as alterações produzidas podem ser analisadas. Existe ainda um interrutor que permite ligar ou desligar o LED.

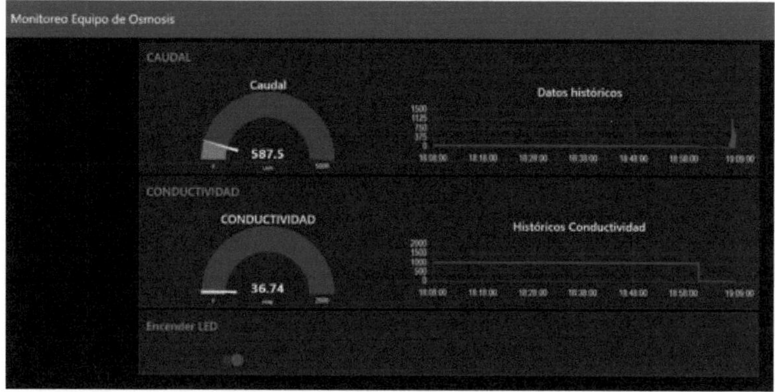

Figura N° 83Painel de controlo do equipamento de osmose

2.6.2 Protótipo de módulo de comunicação

A Figura n.º 84 84 mostra o protótipo concebido com o objetivo de verificar o correto funcionamento de todos os elementos que integram a Arquitetura do sistema de comunicação (Figura n.º 79 79). Para este teste, os dados utilizados foram as variáveis de caudal e de condutividade.

As ligações eléctricas implementadas são descritas no diagrama esquemático da Figura N° 85. Pode ver aí os caminhos SDA e SCL que permitem a comunicação I2C entre o Arduino Nano e o ESP8266.

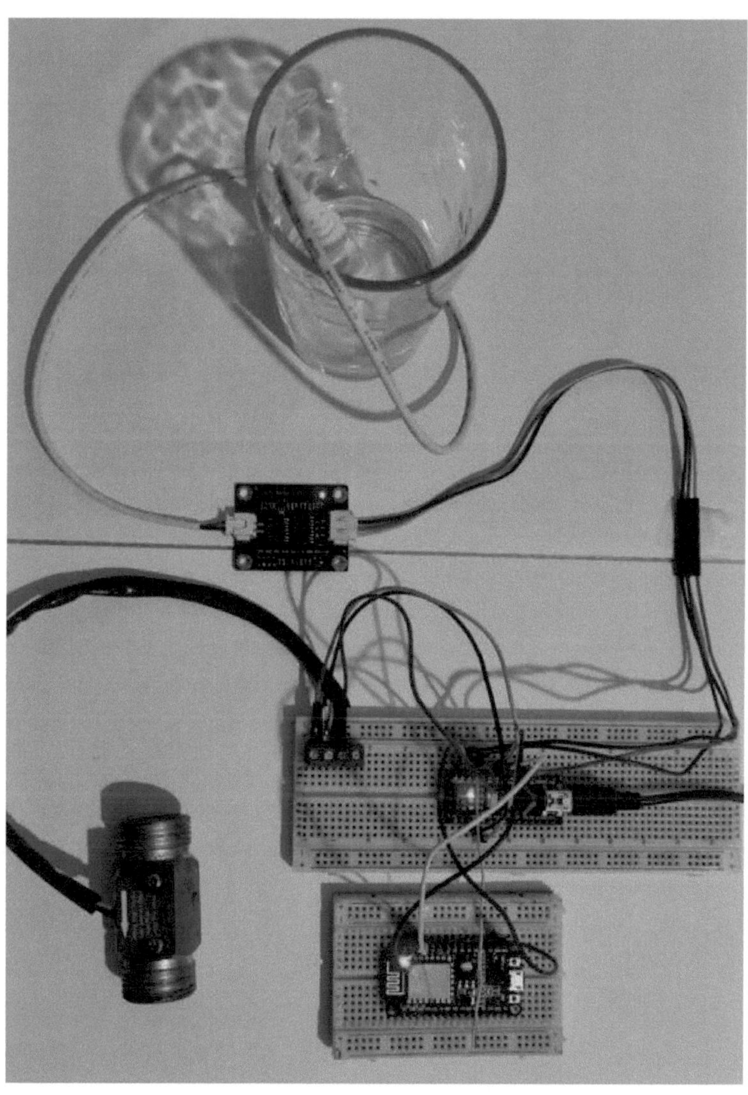

Figura n.º 84 84Protótipo do módulo de comunicação

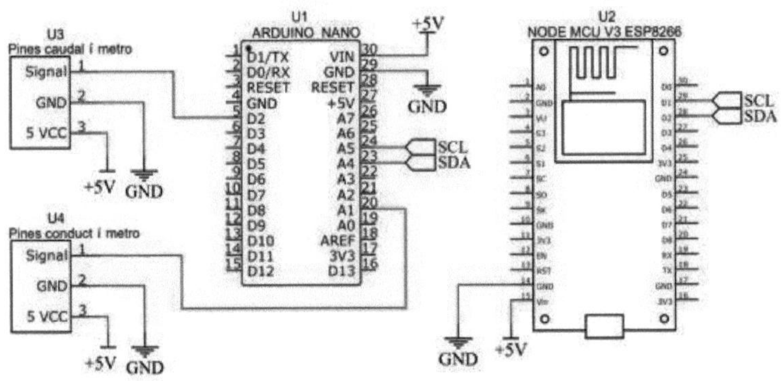

Figura N° 85Esquema - Protótipo do módulo de comunicação

A ligação foi eficaz em todas as fases. Os valores detectados pelo medidor de caudal e pelo medidor de condutividade foram lidos corretamente, as variáveis foram transmitidas do Arduino Nano para o ESP8266 através do protocolo I2C e, através do WiFi, utilizando o protocolo MQTT, os dados foram transferidos para o Node-RED para serem apresentados no painel de instrumentos do ESP8266. Figura N° 83. Além disso, foi testado o funcionamento correto do interrutor para ligar o LED integrado do ESP8266, o que resultou numa comunicação bidirecional sólida do módulo de comunicação.

Esta configuração foi utilizada como teste para posterior implementação num desenvolvimento real específico, garantindo a viabilidade e a eficácia do sistema num ambiente industrial específico.

CAPITULO 3: ANÁLISE DE CUSTOS

Neste capítulo, serão analisados os custos envolvidos no desenvolvimento e implementação do autómato e do módulo de comunicação industrial. Os dados serão comparados com outros dispositivos e serviços disponíveis no mercado, a fim de estabelecer uma margem de rentabilidade.

O foco deste projeto é a viabilidade económica e a democratização da automação industrial, pelo que a chave para que o dispositivo possa entrar no mercado em projectos futuros e representar uma solução de automação é que o custo final do produto seja inferior ao das opções concorrentes.

Os valores expressos em dólares (USD) foram tomados em referência ao valor do dólar oficial na Argentina, correspondente a 929,5 ARS em 26/06/2024.

3.1 Custos de PLC

3.1.1 Custos diretos

3.1.1.1 Componentes de hardware

Quadro n.º 12 12Custos do PLC - Componentes de hardware

Item	Descripción	QTY	ARS	USD	ARS2	USD2
Carcasa	Impresión 3D	1	$ 16.000,00	USD 17,21	$ 16.000,00	USD 17,21
Pantalla	LCD 2004 c/adapt I2C	1	$ 13.570,00	USD 14,60	$ 13.570,00	USD 14,60
Modulo Rele	8 canales	1	$ 12.580,00	USD 13,53	$ 12.580,00	USD 13,53
Arduino nano	Microcontrolador	1	$ 7.019,00	USD 7,55	$ 7.019,00	USD 7,55
Placa de cobre	100x100mm	1	$ 3.500,00	USD 3,77	$ 3.500,00	USD 3,77
ULN2803	Puente Darlington x8	1	$ 3.420,00	USD 3,68	$ 3.420,00	USD 3,68
PC817	Optoacoplador	8	$ 401,50	USD 0,43	$ 3.212,00	USD 3,46
Bornera	2 pines	5	$ 530,40	USD 0,57	$ 2.652,00	USD 2,85
LM2596	Regulador 5V	1	$ 2.360,00	USD 2,54	$ 2.360,00	USD 2,54
Tornillos	M3 x 10mm	14	$ 104,00	USD 0,11	$ 1.456,00	USD 1,57
Tuercas	M3	14	$ 65,00	USD 0,07	$ 910,00	USD 0,98
LED	Verde rectangular	9	$ 93,60	USD 0,10	$ 842,40	USD 0,91
Zocalo 8 pines	Para PC817	4	$ 130,00	USD 0,14	$ 520,00	USD 0,56
R4k7	Resistencia 4,7kohm	9	$ 57,00	USD 0,06	$ 513,00	USD 0,55
R10k	Resistencia 10kohm	8	$ 30,00	USD 0,03	$ 240,00	USD 0,26
Zocalo 2x9 pines	Para ULN2803	1	$ 227,50	USD 0,24	$ 227,50	USD 0,24
1N4007	Diodo rectificador	1	$ 49,40	USD 0,05	$ 49,40	USD 0,05
				Total	$ 69.071,30	USD 74,31

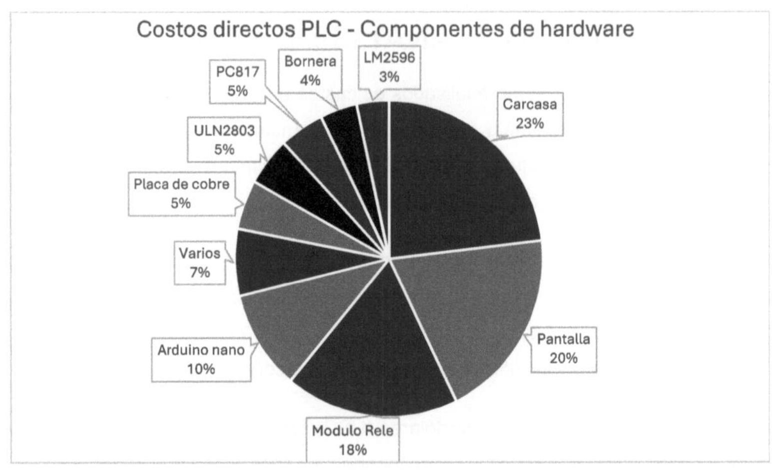

Figura N° 86 86Percentagem dos custos diretos PLC - componentes de hardware

3.1.1.2 Custos de fabrico

Os custos de fabrico correspondem à mão de obra, ao tempo e aos materiais envolvidos na montagem dos componentes electrónicos para fazer a placa de circuito impresso e na montagem do conjunto final do PLC.

Quadro nº 13Custos de fabrico do PLC

			Costo unitario		Costo total	
Item	Descripcion	QTY	ARS	USD	ARS	USD
Ensamblaje	Hs de mano de obra	3	$ 4.000,00	USD 4,30	$ 12.000,00	USD 12,91
Estaño	Para soldadura	0,2	$ 4.550,00	USD 4,90	$ 910,00	USD 0,98
Acido	Percloruro ferrico	0,15	$ 9.100,00	USD 9,79	$ 1.365,00	USD 1,47
				Total	$ 14.275,00	USD 15,36

3.1.1.3 Custos de software

Como se pode ver no o software utilizado no projeto é totalmente gratuito, o que constitui uma grande vantagem competitiva.

Quadro n.º 14: Custos de software

Item	Descrição	Custo
IDE Arduino	Programação de microcontroladores	Grátis
EasyEDA	Conceção de placas de circuitos impressos	Grátis
Inventor	Conceção 3D da habitação	Licença de estudante gratuita

Assim, tendo em conta os custos dos componentes de hardware, os custos de fabrico e os custos de software, obtemos um total de custos diretos de **83.346,30 dólares (89,67 USD).**

3.1.2 Custos indirectos

Os custos indirectos incluem o tempo e os recursos dedicados à investigação e ao desenvolvimento do projeto.

Os cálculos têm em conta o número de horas despendidas em cada área a um valor de $5000 ARS por hora.

Quadro n.º 15 15Custos indirectos - Investigação e desenvolvimento

			Costo unitario		Costo total	
Item	Descripcion	QTY (Hs)	ARS	USD	ARS	USD
I+D	Investigacion y Desarrollo	72	$ 5.000,00	USD 5,38	$ 360.000,00	USD 387,31
PCB	Diseño de PCB	42	$ 5.000,00	USD 5,38	$ 210.000,00	USD 225,93
Programación	Programa de PLC en C++	36	$ 5.000,00	USD 5,38	$ 180.000,00	USD 193,65
Diseño 3D	Modelado 3D de carcazas	48	$ 5.000,00	USD 5,38	$ 240.000,00	USD 258,20
Compras	Busqueda de proveedores	18	$ 5.000,00	USD 5,38	$ 90.000,00	USD 96,83
				Total	$ 1.080.000,00	USD 1.161,9

3.2 Custos do módulo de comunicação

Uma vez que o desenvolvimento do módulo de comunicação apenas contempla a obtenção de uma comunicação efectiva entre dispositivos utilizando o protocolo MQTT e Ethernet, e não a implementação num ambiente industrial, o âmbito da análise de custos para este caso será limitado aos componentes de hardware e software necessários.

3.2.1 Componentes de hardware

No âmbito dos custos dos componentes de hardware do módulo de comunicação, são estimados os elementos necessários para montar o dispositivo num contentor ou caixa que permita a montagem num ambiente industrial.

Quadro n.º 16 16Componentes de hardware - Módulo de comunicação

Item	Descripción	QTY	Costo unitario		Costo total	
			ARS	USD	ARS2	USD2
ESP8266	Microcontrolador	1	$ 6.090,00	USD 6,55	$ 6.090,00	USD 6,55
LM2596	Regulador 5V	1	$ 2.360,00	USD 2,54	$ 2.360,00	USD 2,54
Carcaza	Impresión 3D	1	$ 6.000,00	USD 6,46	$ 6.000,00	USD 6,46
Bornera	2 pines	2	$ 530,40	USD 0,57	$ 1.060,80	USD 1,14
Placa cobre	50x50mm	1	$ 3.500,00	USD 3,77	$ 3.500,00	USD 3,77
				Total	$ 19.010,80	USD 20,45

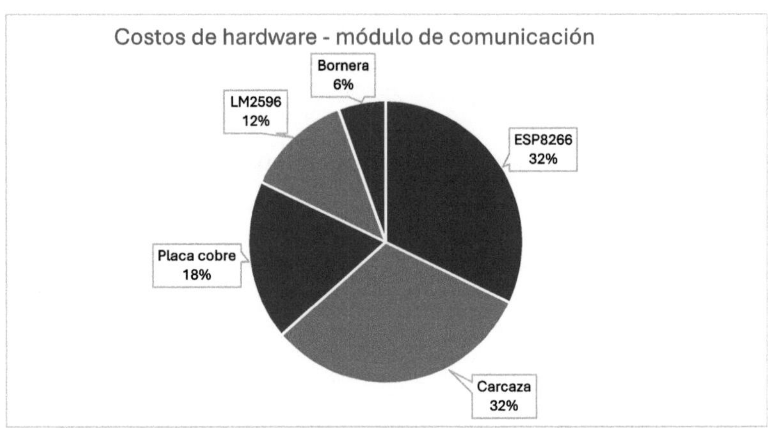

Figura n.º 87 87Custos de hardware - módulo de comunicação

3.2.2 Custos de software

Quadro nº 17Custos de software - módulo de comunicação

Item	Descrição	Custo
IDE Arduino	Programação de microcontroladores	Grátis
Inventor	Conceção 3D da habitação	Licença de estudante gratuita
Nó-vermelho	Gestos de dispositivos ligados	Grátis
EMQX	Corretor de nuvem MQTT	Grátis

O software utilizado no desenvolvimento do módulo de comunicação é gratuito e de código aberto. No entanto, muitas das funcionalidades interessantes para projectos interligados, como a visualização de dados e o armazenamento em nuvem, exigem um maior desenvolvimento ou a incorporação de serviços pagos.

CAPITULO 4: CONCLUSÕES

4.1 Resumo dos resultados

O principal objetivo deste projeto foi o desenvolvimento de um PLC baseado em tecnologia aberta e a sua implementação num ambiente industrial, com o objetivo de proporcionar uma solução de automação eficaz e acessível. Conseguiu-se que este cumprisse os requisitos estabelecidos, e que funcionasse de forma permanente no controlo do equipamento de osmose inversa.

Por outro lado, o foco deste projeto tem sido a comunicação do dispositivo com outros sistemas, permitindo a gestão de dados e a ligação em rede da automação. Isto foi conseguido com o protótipo do módulo de comunicação industrial, que demonstrou um excelente desempenho no controlo e monitorização do dispositivo remotamente, ligado através da Internet.

4.2 Avaliação do cumprimento dos objectivos

4.2.1 Objetivo geral

1. Desenvolver e implementar um controlador lógico programável (PLC) de baixo custo utilizando tecnologias abertas.

   - **Conformidade**: Foi desenvolvido e implementado um PLC baseado em Arduino, utilizando componentes e tecnologias abertas. O custo total do dispositivo foi significativamente mais baixo em comparação com as soluções comerciais, cumprindo assim o objetivo de baixo custo.

2. Utilizar o dispositivo em ambiente industrial para o controlo eficaz dos equipamentos de tratamento de água, com um regime de funcionamento permanente.

   - **Conformidade:** O PLC foi instalado num ambiente industrial para o controlo do equipamento de osmose inversa, funcionando de forma eficaz e contínua.

3. Interligar o dispositivo com outros sistemas através da implementação de protocolos industriais, para recolha de informações e para facilitar a ligação em rede da automação.

- **Conformidade**: O protocolo de comunicação industrial I2C foi integrado para a comunicação com sensores e periféricos, e o protocolo MQTT para a comunicação com sistemas de gestão de dados, neste caso o Node-RED. Esta integração facilita a criação de redes de automação e a recolha de informações.

4.2.2 Objectivos específicos

1. Conceber o circuito eletrónico do autómato, capaz de funcionar numa variedade de ambientes industriais.

   - **Conformidade**: Foi concebido e construído um circuito eletrónico robusto adequado para utilização em ambiente industrial. O seu local de trabalho é no interior de um quadro elétrico onde convive com linhas de alimentação de 380V, contactores, protectores de motores e outros componentes eléctricos que geram campos electromagnéticos significativos. Nestas condições, não foi detectado qualquer tipo de interferência ou erro no funcionamento do sistema, o que demonstra o grau de robustez alcançado. Não foram considerados ensaios específicos no que respeita a vibrações, interferências electromagnéticas, temperatura, humidade e poeiras ambientais.

2. Selecionar os componentes e conceber a placa de circuito impresso (PCB) para o fabrico do controlador, tendo em conta os aspectos de custo e eficiência.

   - **Conformidade**: Tanto a seleção de componentes como a conceção da placa de circuito impresso foram realizadas tendo em conta a eficiência e o baixo custo, resultando num sistema com bom desempenho a um custo de produção muito baixo.

3. Implementar módulos de entrada digitais e analógicos, bem como módulos de saída de relé e opto-acoplados, para cobrir várias necessidades de controlo.

   - **Conformidade**: Foram implementadas entradas digitais e saídas de relé, todas opto-acopladas para maior robustez. As entradas analógicas não foram consideradas, uma vez que as leituras dos sensores do sistema são digitais. Por outro lado, não foram desenvolvidas saídas opto-acopladas porque a velocidade de comutação e os requisitos de tensão de funcionamento dos actuadores são eficientemente cobertos pelo módulo de saída de relé.

4. Modelação 3D da caixa do PLC, garantindo um design ergonómico e funcional

    - **Cumprimento**: A caixa do PLC foi modelada e depois fabricada através de impressão 3D, obtendo-se um design ergonómico e funcional que protege os componentes electrónicos e facilita a sua instalação e manuseamento em ambientes industriais.

5. Integrar protocolos de comunicação I2C e UART para permitir uma interface eficiente com outros dispositivos e sistemas.

    - **Conformidade**: O protocolo I2C foi integrado com sucesso na comunicação entre o PLC e o ecrã LCD, e entre o PLC e o módulo de comunicação industrial. O protocolo UART, que se destina à comunicação entre dois dispositivos, não foi considerado, uma vez que requer a adição de multiplexadores para poder adicionar mais dispositivos na rede.

6. Utilizar um microcontrolador da gama de opções oferecida pelo Arduino e similares, optimizando o desempenho a baixo custo e tirando partido da sua grande aceitação na comunidade.

    - **Conformidade**: A seleção do microcontrolador Arduino Nano como núcleo do PLC ofereceu um bom desempenho a um preço muito acessível. Por outro lado, a grande aceitação e difusão do Arduino na comunidade facilitou o desenvolvimento e a implementação do autómato com esta tecnologia.

7. Implementar um módulo de comunicação industrial para transmitir dados dos sensores e do PLC para um servidor, o que permitirá monitorizar o processo à distância a partir de qualquer dispositivo com ligação à Internet.

    - **Conformidade**: Foi desenvolvido um protótipo de um módulo de comunicação industrial que utiliza o protocolo Ethernet e MQTT para se ligar ao NodeRED, onde os dados das variáveis do processo são geridos em tempo real. Esta implementação permitiu a monitorização remota a partir de qualquer dispositivo com ligação à Internet.

4.3 Impacto e relevância do projeto

4.3.1 Inovação

O desenvolvimento deste projeto proporcionou uma nova solução de automação para a nossa região, representando um avanço significativo na democratização do controlo industrial. A facilidade de programação, o apoio da comunidade, a liberdade de desenvolvimento graças ao software livre e a abundância de recursos para a expansão do sistema, constituem uma solução com uma filosofia de trabalho diferente da encontrada no mercado.

4.3.2 Redução de custos

O baixo custo do sistema desenvolvido permite às empresas reduzir o investimento inicial necessário para automatizar os seus processos, o que facilita o avanço da tecnologia em sectores com recursos limitados. Esta redução de custos reflecte-se não só na compra inicial do dispositivo, mas também nos custos de manutenção e atualização, uma vez que os componentes e recursos de tecnologia aberta estão amplamente disponíveis. Além disso, o custo associado à utilização de serviços de software é completamente eliminado.

4.3.3 Flexibilidade e personalização

A utilização do Arduino como plataforma principal do PLC proporciona uma grande flexibilidade de conceção para incorporar diferentes caraterísticas e adaptar o sistema a diferentes necessidades de automação, quer com modificações de hardware, modificações de software ou incorporando módulos adicionais.

4.3.4 Aplicações industriais e domésticas

Embora o PLC desenvolvido tenha provado ser capaz de funcionar num ambiente industrial real, é impossível garantir um comportamento estável em condições ambientais mais agressivas. Por outro lado, o módulo de comunicação revela um grande potencial para a gestão de dados e a interconexão de dispositivos.

Estas considerações tornam o PLC, no seu estado atual, adequado para trabalhar em ambientes menos exigentes, como a domótica. No ambiente industrial, graças à interconectividade do dispositivo, as redes de automação podem ser desenvolvidas em conjunto com os autómatos proprietários, ficando o autómato de código aberto encarregue das tarefas não críticas, como a recolha de informações e a gestão de dados.

4.3.5 Interconectividade e escalabilidade

A integração dos protocolos de comunicação industrial I2C e MQTT, juntamente com o Node-RED para gestão de dispositivos IoT, torna possível a ligação em rede da automação, acrescentando a capacidade de recolher e analisar dados para monitorização e controlo remotos de processos.

4.4 Limitações e domínios a melhorar

1. Incorporação de entradas analógicas

O PLC desenvolvido não dispõe de entradas analógicas porque não foram necessárias para a automatização do equipamento de osmose inversa, mas representa uma limitação futura para a incorporação de novos sensores do tipo analógico. Assim, é importante considerar a implementação de leituras analógicas de 4-20mA e 0-10V, que são as mais utilizadas no domínio industrial.

2. Fabrico artesanal de placas de circuito impresso

A placa de circuito impresso foi fabricada utilizando o método de transferência térmica, que é um processo moroso e de mão de obra intensiva, resultando em acabamentos de peças variáveis e erráticos. Uma melhoria potencial consiste em considerar a possibilidade de mandar fabricar a placa de circuito impresso por um fornecedor especializado, tendo em conta a qualidade do produto e o impacto nos custos fixos do dispositivo.

3. Montagem de componentes electrónicos

À semelhança do fabrico artesanal de PCB, a montagem manual da placa eletrónica é um trabalho intensivo, que exige precisão e dedicação para posicionar e soldar cada componente eletrónico no seu lugar. Este processo não é escalável para a produção em grande escala e introduz variabilidade na qualidade do produto, pelo que deve ser considerado o fabrico de toda a placa eletrónica por um fornecedor externo.

4. Custo de fabrico da habitação

A partir da Figura n.º 87 87Custos de hardware - módulo de comunicaçãopodemos identificar que a maior percentagem do custo de hardware do PLC é atribuída ao fabrico da caixa. A impressão 3D dá-nos uma grande flexibilidade de design e permite a produção em pequena escala, mas não é a opção mais rentável se o objetivo for uma produção maior, caso em que teremos de investigar o fabrico de peças por injeção de plástico ou outros métodos. Uma solução mais imediata é redesenhar o formato do PLC, procurando reduzir a área da caixa e reduzir a espessura da parede sem comprometer a resistência das peças.

5. Cibersegurança

Com o módulo de comunicação industrial, o autómato passou a fazer parte da rede Internet, ficando assim exposto a ciberataques. Por conseguinte, para garantir a integridade e a fiabilidade do sistema de controlo e monitorização, as medidas de segurança pertinentes devem ser abordadas de forma abrangente.

6. Testes e ensaios

O PLC foi colocado em funcionamento e demonstrou um bom desempenho no seu ambiente de trabalho, mas não foi sujeito a testes ou ensaios específicos para avaliar o seu desempenho em condições extremas. É muito importante considerar a possibilidade de testar o dispositivo contra vibrações, interferências electromagnéticas, temperatura, humidade e poeiras no ambiente.

7. Lógica de vigilância

Não foi considerado um sistema de watchdog no autómato desenvolvido. É de extrema importância que em futuros desenvolvimentos seja implementada uma lógica de watchdog para supervisionar o funcionamento do autómato, reiniciando-o automaticamente ou colocando-o num estado seguro em caso de falhas ou erros críticos, de forma a garantir a continuidade, estabilidade e segurança das operações industriais.

4.5 Reflexão pessoal

O desenvolvimento deste projeto foi uma experiência enriquecedora que alargou os meus conhecimentos em várias áreas da engenharia mecatrónica. Por um lado, foram aprofundadas disciplinas como a eletrónica, o desenho assistido por computador e a programação, e foram abordados temas específicos como a automação, os protocolos de comunicação e a Internet das Coisas. Uma forte análise teórica seguida de implementação reforçou a aprendizagem. A essência da engenharia mecatrónica foi revelada no processo de integração de diferentes disciplinas, a fim de encontrar uma solução eficaz para uma necessidade específica.

4.6 Conclusão final

O projeto surgiu como resposta a uma necessidade específica de automação, que no decurso do desenvolvimento revelou uma necessidade geral de tecnologia acessível e aberta. O resultado final do dispositivo demonstra que tal solução é possível, avançando na democratização da automação industrial e levando a tecnologia a novas áreas e aplicações.

Foi um grande progresso na automação e na engenharia, que se tornou ainda mais interessante pelo facto de se saber que ainda há muito progresso e evolução a fazer.

Glossário

AES	Norma de encriptação avançada para redes locais sem fios estabelecida na norma 802.11i que oferece um nível de segurança superior ao da atual norma de segurança WPA.
ADC	Conversor analógico-digital, um dispositivo que converte sinais analógicos em dados digitais.
Cibersegurança	Um conjunto de medidas e práticas destinadas a proteger os sistemas e as redes contra ciberataques.
Comunicação industrial	Métodos e protocolos utilizados para permitir a transmissão de dados entre dispositivos e sistemas num ambiente industrial.
Painel de controlo	Interface gráfica que apresenta informações e dados de uma forma visual, facilitando a monitorização e a análise.
IoT	(Internet das coisas). Uma rede de dispositivos interligados que podem comunicar entre si e com outros sistemas através da Internet.
MQTT	(Message Queuing Telemetry Transport). Protocolo de mensagens ligeiro ideal para a comunicação IoT. Permite a transmissão de dados entre dispositivos de forma eficiente e segura, facilitando a monitorização e o controlo remotos dos sistemas.
Nó-vermelho	Ferramenta de desenvolvimento que facilita a integração de hardware, APIs e serviços online utilizando um editor de fluxo visual.
PCB	(Printed Circuit Board). Placa de circuito impresso utilizada para montar e ligar componentes electrónicos.
PID	(Proporcional-Integral-Derivativo). Controlador utilizado em sistemas de controlo para regular as variáveis do processo. Ajusta a saída do sistema com base no erro atual, no integral do erro passado e na derivada do erro futuro.
Serigrafado	Processo de impressão utilizado no fabrico de placas de circuito impresso para aplicar camadas de tinta nas placas.
SM	Módulo sensor, um componente que inclui sensores específicos para medir variáveis físicas e convertê-las em sinais eléctricos para processamento. Os SM analógicos contêm ADCs para conversão de sinais.
Termotransferência	Um método de gravação de placas de circuito impresso que utiliza o calor para transferir um desenho a tinta para uma placa em branco.

WPA (Wi-Fi Protected Access). Norma de segurança para redes sem fios.

Referências bibliográficas

[1] W. Bolton, MECATRÓNICA: sistemas de controlo eletrónico em engenharia mecânica e eléctrica, D.F., México: Alfaomega, 2013.

[2] IEEC UNED, "MESTRADO: Engenharia de Sistemas Industriais", [Em linha]. Disponível: http://www.ieec.uned.es/investigacion/dipseil/pac/archivos/informacion_de_referencia_ise6_1_1.pdf. [Último acesso: 13 de março de 2024].

[3] R. Zurawski, Industrial Communication Technology Handbook, São Francisco, Califórnia, EUA: CRC Press, 2015.

[4] U. N. D. E. E. A. DISTANCIA, Comunicaciones Industriales - Principios Basicos, Madrid: Librería UNED, 2007.

[5] UNIVERSIDAD NACIONAL DE EDUCACIÓN A DISTANCIA, Comunicações Industriais: Princípios Básicos, Madrid: UNED, 2007.

[6] A. R. Penin, Comunicações Industriais, Barcelona: Marcombo S.A., 2008.

[7] UNIVERSIDAD NACIONAL DE EDUCACION A DISTANCIA, Comunicaciones Industriales: Sistemas distribuidos y aplicaciones, Madrid: UNED, 2007.

[8] J. R. Alejandro Amaya, PROTOCOLOS E NORMAS DE TRANSMISSÃO UTILIZADOS POR INSTRUMENTOS INDUSTRIAIS, INACAP, 2016.

[9] WESCO-ANIXTER, "Comparing wireless communication protocols," [Online]. Disponível: https://www.anixter.com/es_mx/resources/literature/techbriefs/comparing-wireless-communication-protocols.html?timeout=true.

[10 Amazon AWS, "What is MQTT," [Online]. Disponível: https://aws.amazon.com/es/what-is/mqtt/. [Acedido em 26 de junho de 2024].

[11 FICA-UNSL, "Curso de Arduino: Módulo protocolos de comunicações", Villa Mercedes, 2024.

[12 Red Hat, "What is open source", 24 de janeiro de 2023. [Online]. Disponível: https://www.redhat.com/es/topics/open-source/what-is-open-source. [Acedido em 15 de março de 2024].

[13 Iniciativa de fonte aberta, "The Open Source Definition," 16 de fevereiro de 2024. [Online]. Disponível: https://opensource.org/osd. [Acedido em 15 de março de 2024].

[14 Associação de Hardware de Código Aberto, "Declaração de Princípios 1.0," 2024. [Online]. Disponível: https://www.oshwa.org/definition/spanish/. [Último acesso: 15 de março de 2024].

[15 Arduino, "What is Arduino," [Online]. Disponível: https://arduino.cl/que-es-arduino/. [Último acesso: 15 de março de 2024].

[16 Texas Instruments, "LM2596," [Online]. Disponível: https://www.ti.com/product/es-mx/LM2596. [Último acesso: 18 de março de 2024].

[17 Unit Electronics, "PC817 DIP-4 Optocoupler," [Online]. Disponível: https://uelectronics.com/producto/optoacoplador-pc817-dip-4/. [Acedido em 18 de março de 2024].

[18 Arduino, "Arduino Professional", 2024. [Online]. Disponível: https://store-usa.arduino.cc/pages/professional. [Último acesso: 20 de março de 2024].

[19 Finder, "FINDER OPTA: O PRIMEIRO RELÉ LÓGICO PROGRAMÁVEL", 01 de dezembro de 2022. [Online]. Disponível: https://www.findernet.com/es/uruguay/news/finder-opta-el-primer-rele-logico-programable/. [Último acesso: 20 de março de 2024].

[20 Arduino Store, "Introducing Arduino Opta," [Online]. Disponível: https://store-usa.arduino.cc/pages/opta. [Acedido em 20 de março de 2024].

[21 Industrial Shields, "Controladores industriais e Panel PCs baseados em hardware de código aberto", [Online]. Disponível: https://www.industrialshields.com/es_ES. [Último acesso: 20 de março de 2024].

[22 Controllino, "INDUSTRIAL AUTOMATION MEETS OPEN SOURCE," [Online]. Disponível: https://www.controllino.com/. [Último acesso: 21 de março de 2024].

[23 Electroall, "Electroallweb," [Online]. Disponível: https://www.electroallweb.com/. [Último acesso: 21 de março de 2024].

[24 El profe Zurco, "Blogue El profe Zurco," [Em linha]. Disponível: https://elprofezurco.blogspot.com/2023/11/mini-plc-arduino-atmega128a-au-v10.html. [Acedido em 21 de março de 2024].

[25 Arduino.cc, "Arduino Software," [Online]. Disponível: https://www.arduino.cc/en/software. [Acedido em 21 de março de 2024].

[26 Codesys, "Codesys Store," [Online]. Disponível: https://store.codesys.com/en/. [Último acesso: 2022 março 2024].

[27 Autonomy, "OpenPLC," [Online]. Disponível: https://autonomylogic.com/. [Acedido em 22 de março de 2024].

[28 EasyEDA, "Easy-to-use & Free PCB Design Software," [Online]. Disponível: https://easyeda.com/. [Último acesso: 01 de abril de 2024].

[29 EMQX, "Free Public MQTT Broker," [Online]. Disponível: https://www.emqx.com/en/mqtt/public-mqtt5-broker. [Último acesso: 2024 julho 04].

[30 J. SALAZAR, WIRELESS NETWORKS, República Checa: TechPedia .

Anexo(s)

1. Esquema eletrónico do PLC

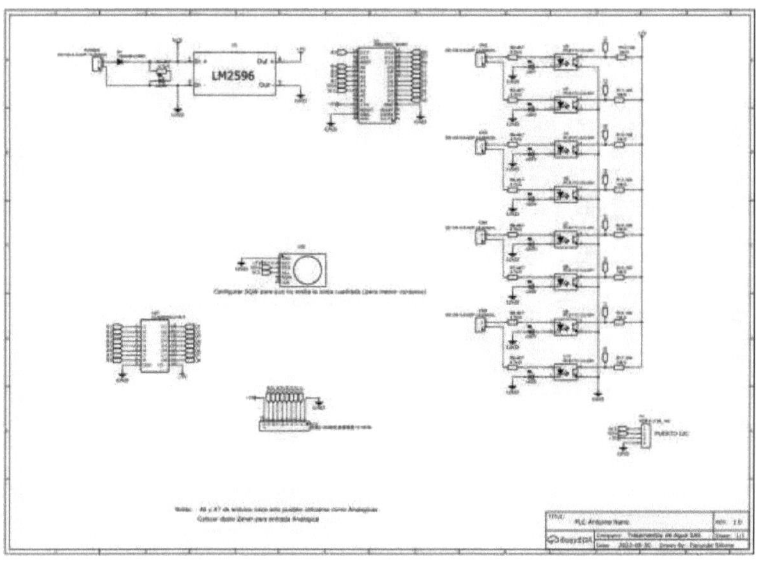

2. Esquema da placa de circuito impresso - Camada superior de serigrafia

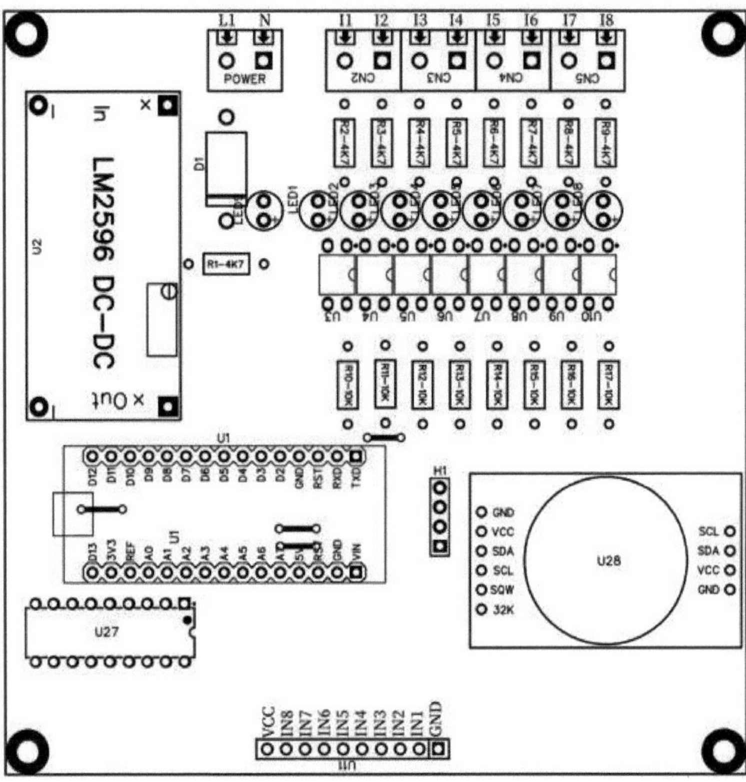

3. Disposição da placa de circuito impresso - Camada inferior

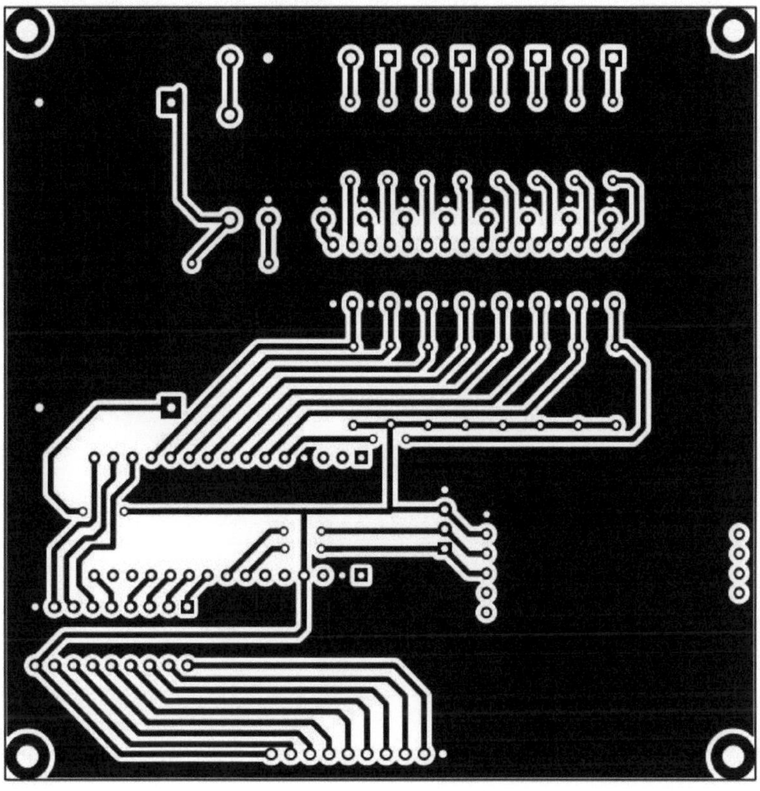

4. Desenho de montagem do PLC

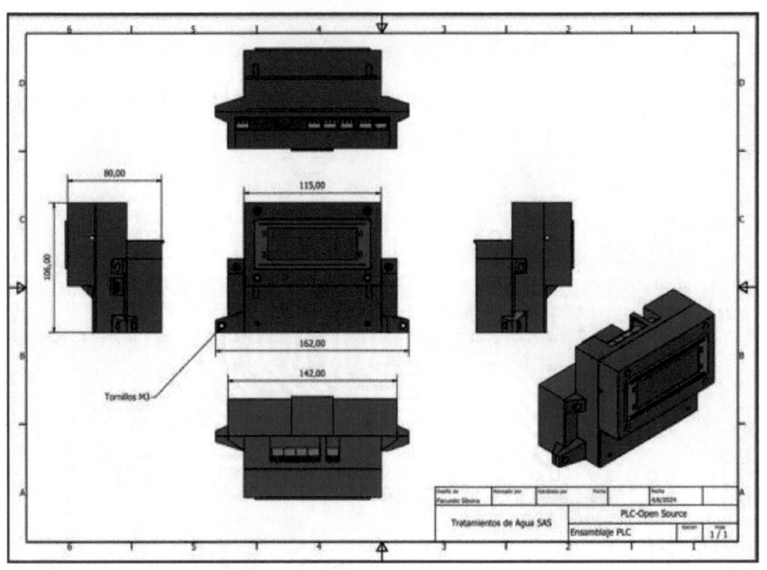

5. Esquema eletrónico do módulo de comunicação industrial

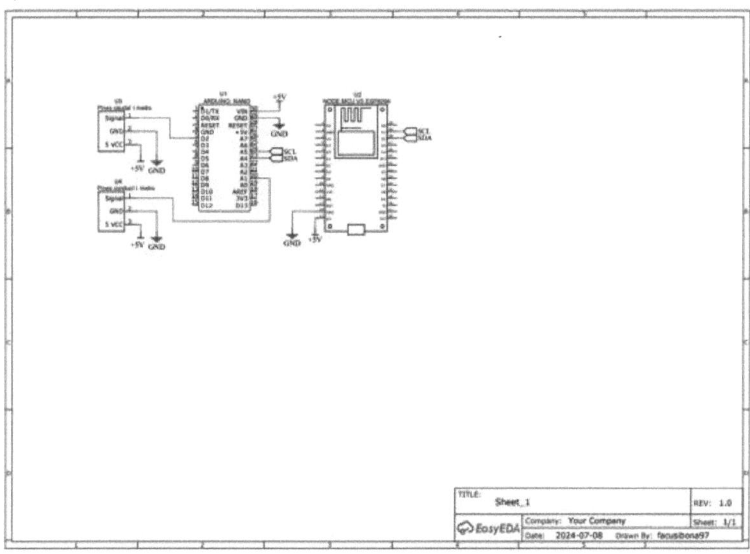

Printed by Books on Demand GmbH, Norderstedt / Germany